JN015593

今からはじめる

インシデントレスポンス

Incident Response　How To Build The Organization
In Readiness For Incident

事例で学ぶ組織を守る CSIRT の作り方

杉浦芳樹　萩原健太
Yoshiki Sugiura　Kenta Hagihara

北條孝佳　中西 晶
Takayoshi Hojo　Aki Nakanishi

技術評論社

はじめに

　本書の原稿が最終校正の段階に入ったその時、新型コロナウイルスの感染が世界的な問題になりつつありました。著者たちも、それぞれ所属する組織で予防のための対策に携わったり、急変する状況への対応に追われたりしました。また、業務上のさまざまなイベントに影響が出始め、予定変更を余儀なくされる事態となりました。そうした状況にあって、ふと、こんなことを感じたのです。「これはサイバー空間での出来事ではないけれども、まさしくインシデント対応ではないか」。

　新型コロナウイルスについては、感染拡大を食い止めるためにさまざまな努力が続けられていますが、困難な状況下では、判断や対応が常に適切とは限らないでしょう。サイバー空間におけるインシデント対応もまったく同じであり、インシデント対応の基本を熟知し従うことが危機管理の成否を分けると言っても過言ではありません。

　現在のインターネットはスマートフォンや IoT によって影響を及ぼす範囲がますます広がっています。オンラインショッピングや決済システムなど、私たちの生活とは切っても切れないものになっており、企業においても単なるオフィスシステムにとどまりません。一方で、サイバー攻撃の目的は今や金銭ばかりでなく機密情報の窃取や国家への攻撃にまで発展しています。サイバー攻撃そのものや、攻撃につながる事象を早期に検知し、被害の拡大を最小限に抑えることが必要不可欠なのは言うまでもありません。インシデント対応やサイバーセキュリティ対策の説明責任を果たすことの重要性もますます高まっており、自社の不適切な対策によって取引先が被害を被った場合、組織や経営層は損害賠償を負う可能性すらあります。インシデント対応はさまざまなガイドラインや法律とも深くかかわっているのです。

　このような状況では、組織として、また社会を構成する一要素として、適切なインシデントマネジメント体制を整備することは当然のことであり、これを怠らないようにしなければなりません。そのためには組織論の視点、お

よび経営的視点が欠かせません。その解の一つが CSIRT を経営・組織論・法制度の側面から構築し運用することです。本書では、どのような CSIRT を構築して、どのように運用するのかという問いに対する道標となるべく、随所にヒントを示し解説しています。CSIRT によってすべてが解決するわけではありませんが、インシデント対応体制の考え方を理解すれば、実空間も含めた危機管理にもつながります。

　本書はもともと CSIRT を多角的に眺めてみようとして執筆がはじまりました。しかし、社会における CSIRT の認知度がまだ低いことと、サイバーセキュリティに関して調査途上の組織が多いという現状を踏まえて路線を修正しました。そして、これから CSIRT を作ろうと考えている組織、CSIRT を作ったばかりの組織、あるいは CSIRT の運用に行き詰まりを感じている組織に向けて、CSIRT はサイバーセキュリティに対応する能力を備えた専門組織であることをわかりやすく伝えることにしました。執筆を終えた今、CSIRT の解説を基本としつつ、インシデントマネジメントやリスクマネジメントまで触れ、サイバー空間におけるインシデント対応の基礎を提示できたと感じています。

　読者の皆さまが所属される組織では、CSIRT を含むリスク・危機管理対策は万全でしょうか。本書が皆さまのリスク対策向上の一助になれば、執筆者としては大変嬉しく存じます。

　末筆ながら、株式会社 ENNA の荒川大さん、瀧口知史さんには本書執筆のご提案をいただくなど、大変お世話になりました。また、技術評論社の石井智洋さんには、執筆にあたり貴重なご意見およびサポートをいただきました。ここに感謝の意を表します。まことにありがとうございました。

著者一同

CONTENTS

第 **3** 章 ｜ CSIRTの人材と組織 ······ 69

情報を理解してもらえるよう普段から啓発する

組織のセキュリティポリシーや対応手順を伝達する

第 **4** 章 │ CSIRTを立ち上げる ······ 97

第 **5** 章 | **CSIRTを運用する** ······135

第 **6** 章 │ CSIRTの運用事例 ……183

第 **7** 章 | CSIRTの発展 「xSIRT」の設置 ······ 219

第 **8** 章 | サイバーセキュリティ対応の課題 ……235

第 **1** 章

インシデントとは

サイバー空間を取り巻く脅威

サイバー空間は、今や我々の生活においてなくてはならない重要なインフラです。しかしながら、さまざまな課題や脅威も生んでいます。こうした脅威への対策としては、組織としてCSIRTを構築し、適切に運用していくことが挙げられます。

〉1 サイバー空間とは

　サイバー空間（サイバースペース）とは、パソコンやネットワーク上に存在するデータなどを、多数の人と相互に、かつ自由にやりとりすることができる仮想的な空間のことを指します。製造や販売など、多様なサービスのサプライチェーンやコミュニティなども形成され、いわば一つの新たな社会領域となっています。

　サイバー空間には、ショッピングサイトのような身近なものから医療における遠隔手術まで、多種多様な分野でさまざまなサービスが提供され、我々の生活においてなくてはならない重要なインフラ（社会基盤）として定着しています。

　このような重要なインフラとしてのサイバー空間が害されてしまうと、銀行振込ができなくなったり、ネットショッピングができなくなったりします。逆にあなたの銀行口座から他人の口座に振込みがされたり、商品を勝手に購入されたりするかもしれません。もっと酷いことになれば、病院のカルテ情報が他人のものに変わったり、あなたの銀行口座が解約されたり、家の中の監視カメラの映像が世界中に公開されたりするかもしれません。ビジネス関連では、企業の人事、会計、顧客、取引先といった情報が奪われ、企業の評価に多大なる影響を与えてしまうかもしれません。そうなれば、信用を失って取引が中止されたり、株価にも影響を及ぼしたりする恐れもあります。

　昨今のサイバー空間を害する攻撃や犯罪としては情報漏洩が大きく取り上げられていますが、攻撃の手口とその被害による影響はより広範に及ぶこと

が容易に想像できるでしょう。不要なデータを大量に送りつけることによってインターネット回線自体を使えなくすることもあれば、ハードディスクに保存されているパソコンを起動するために必要な情報を書き換えてしまい、パソコン自体が起動できなくなる被害も発生しています。

　<u>サイバー空間を保護するためには、サイバー空間を害する方法を理解した上で、対策を検討する必要があります</u>。孫子の有名な言葉に、「彼を知り己を知れば百戦殆からず。彼を知らずして己を知れば、一勝一負す。彼を知らず己を知らざれば、戦う毎に必ず殆し」とあります。この言葉のとおりサイバー空間で脅威から身を守るためには"敵"と"味方"の両方を十分に理解することが重要です。

図1-01　サイバー空間の利便性と脅威

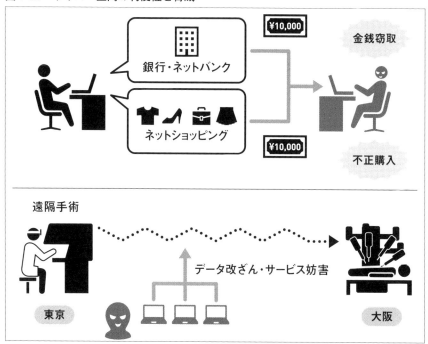

第1章　インシデントとは

15

＞ 2　サイバー空間を害する方法

サイバー空間を害する方法は数多く存在しますが、その一部を紹介します。

標的型メール攻撃

2010年頃から流行し始めた<u>標的型メール攻撃</u>は、特定の組織や団体など を狙った標的型攻撃の一つです。具体的には、標的となった組織に所属する 個人に対象を絞ってマルウェア[1]を添付したり、悪意あるWebサイトへの URLを記載した電子メールを送信したりすることで、端末をマルウェアに 感染させて遠隔操作を行い、保存されている機密データの窃取などを行う攻 撃です。

Web サーバ待ち伏せ攻撃（水飲み場攻撃）

Webサーバ待ち伏せ攻撃も標的型攻撃を実現する攻撃手法の一つであり、 <u>水飲み場攻撃</u>とも呼ばれます。悪意あるWebサーバを用意し、標的となっ た組織などからのアクセスを待ち構え、標的からのアクセスに対してのみ反 応してマルウェアに感染させる攻撃です。悪意あるWebサーバは標的以外 からのアクセスには何もしないか、別のコンテンツを表示させるといった挙 動を示します。標的以外の組織、例えばセキュリティ対策企業などが悪意あ るWebサーバを解析するためにアクセスした場合には、Webサーバからの 応答は通常の応答に見えてしまうため、このような悪意あるWebサーバを 発見することは非常に困難になります。そのため、標的となった組織などか らの被害申告がなければ、攻撃自体に気づきにくくなっています。

不正アクセス（Web 改ざん、情報窃取など）

Webサイトを狙って不正アクセスを行い、<u>Webサイトの改ざんや情報窃 取を行う攻撃があります</u>。2000年に複数の省庁のWebサイトが改ざんされ

＊1　マルウェア：コンピュータウイルスなどの不正プログラムの総称。23ページ参照。

た事件がありました。2012 年には裁判所の Web サイトが改ざんされ、裁判例が閲覧できなくなるなど、多くの影響を及ぼしました。また、Web サイト内に保存されているさまざまな情報を取得する攻撃もあり、多くの情報が漏洩する事件として深刻な被害が生じています。

❯ 3　サイバー空間の特徴

　サイバー空間は物理的空間とは異なり、以下のような特徴が存在することから、さまざまな課題が新たに生み出されています。

包括的な管理者の不在

　第一に、<u>サイバー空間は包括的な管理者・監督者が存在せず、誰もが自由にサイバー空間を行き来することができます</u>。各国の捜査機関や関連組織などによってサイバー空間のパトロールが行われているところもありますが、網羅的な監視は不可能です。そのため、一種の無秩序状態になっており、国家や組織などに保護されているわけではなく他者との境界線がないことから、誰からでも攻撃されてしまうという危険を常にはらんでいます。

国境を越える犯行

　第二に、<u>サイバー空間は国ごとに隔離されていないため、国境を越えてサイバー攻撃・サイバー犯罪の被害を受ける可能性があります</u>。このような攻撃者や犯罪者の取り締まりは各国の法律に委ねられています。しかし、そもそも接続元 IP アドレス[2]がどの国に割り当てられているかを即時に一意に判明させることは困難であり、どの国の法律が適用されるのかも不明確であるという問題が生じています。また、仮想的なサイバー空間の発達にともない、盗まれたデータなどの実態がどこに所在するのかといった地理的・場所的な問題も生じており、法執行機関がサーバやデータなどを差し押えるため

＊2　**IP アドレス**：パソコンやスマートフォンなどに割り当てられた、ネットワーク上の機器を識別するための番号。

の手続きにも大きな影響を及ぼしています。

新サービスが登場しやすい

　第三に、**サイバー空間には次々に新たなサービスが登場し、それにともなって新たなサイバー攻撃・サイバー犯罪も登場してきています**。新たなサービスは新たな法律問題も生じさせています。法制度の整備が追いつかない状態である一方、技術的に対応する方が迅速に解決に向かい、効果的である場合もあります。

身元や痕跡の隠ぺいが容易

　第四に、**サイバー空間は攻撃者や犯罪者の身元を隠ぺいすることが容易であり、攻撃を受けたサーバに残された痕跡も見つけにくく、サイバー攻撃・サイバー犯罪の実行が容易になっています**。また、攻撃対象の企業に関する情報や攻撃ツールが販売されたり、サイバー攻撃によって取得した情報が取引されるなど、サイバー攻撃は効率的に分業化・組織化されています。そのため、名誉毀損やプライバシー侵害、知的財産権の侵害のみならず、金銭窃取や機密情報窃取、企業恐喝、企業価値の低下による株価操作まで、さまざまなサイバー攻撃・サイバー犯罪を容易に実行できます。そこから多くの被害者を生み出す一方、加害者の特定が困難になり、責任追及ができずに泣き寝入りになってしまっているという問題が生じています。

図1-02　サイバー空間の特徴

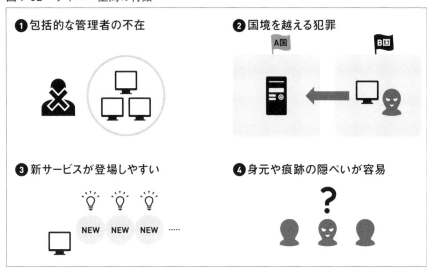

❶ 包括的な管理者の不在

❷ 国境を越える犯罪

❸ 新サービスが登場しやすい

❹ 身元や痕跡の隠ぺいが容易

第1章　インシデントとは

❯ 4　サイバー空間を取り巻く脅威への対抗

　サイバー空間を取り巻く脅威に対して、無力でいるわけにはいきません。このような脅威に対抗するために、個人的な対策としては、OS（61 ページ参照）やウイルス対策ソフト、インストールしたアプリケーションなどを最新な状態に保つことが挙げられます。一方、**企業・団体による組織的な対策としては、CSIRT（Computer Security Incident Response Team）を構築・運用することがそれぞれ挙げられます**[3]。

　CSIRT とは次節で述べる「インシデント」を扱う組織です。本書では CSIRT の運用を中心に、企業・団体がサイバー空間の脅威に組織的に対応し、インシデントを管理する方法を詳細に解説します。

＊3　「サイバーセキュリティ関係法令 Q&A ハンドブック」（https://www.nisc.go.jp/security-site/files/law_handbook.pdf）24 ページ

1-02 インシデントとは何か

インシデントを一言で表すのは難しいですが、出来事・事件・事故の総称であり、またそれらになり得るものも意味します。曖昧なようですが、対応するためにもインシデントとは何かしっかり定義することは大切です。

〉1 インシデントとは

　サイバー空間における脅威へ対抗するうえで欠かせない概念が「インシデント」です。では、インシデントとは何でしょうか。

　実は、英語の incident をひと言で表せる日本語はありません。**インシデントとは非常に広範囲な事象を指す言葉で、出来事・事件・事故の総称と考えていいでしょう**。

　ISO 22300（JIS 22300）「社会セキュリティー用語」では、インシデントは次のように定義されています。

Incident

Situation that might be, or could lead to, a disruption, loss, emergency or crisis

（中断・阻害、損失、緊急事態、危機に、なり得るまたはそれらを引き起こし得る状況）

　「なり得るまたはそれらを引き起こし得る状況」が実際に起きてしまった結果が、事故や緊急事態（あるいは有事）ですから、この定義から考えると、インシデントとは事故発生前の事象を指すと受け取られるかもしれません。しかし、**事故や緊急事態が発現するよりも前に起きている事象も、実際に起こった事態も、どちらもインシデントと呼ぶのが一般的です**。

　後述するように、CSIRTはコンピュータやサイバー空間に関わるセキュリティに特化したインシデントを扱う組織です。コンピュータのセキュリティを危うくするインシデントについては、JPCERT/CC[4]は次のように定義しています。

　「コンピュータセキュリティインシデントとは、『情報システムの運用におけるセキュリティ上の問題として捉えられる事象』です。」

　こうした「情報システムの運用におけるセキュリティ上の問題として捉えられる事象」に対応し、重大な事故や緊急事態を未然に防ぐことが、CSIRTの役割と言えます。なお、本書では「コンピュータセキュリティインシデント」を単に「インシデント」と呼びます。

＞ 2　インシデントに関連する言葉

　インシデントに対応するにあたってさまざまな用語が使われます。以下にさまざま情報や事象をインシデントという言葉を中心として整理してみます。

インフォメーション

　世の中にある一般的な情報。対応が必要になるかは分析しなければわからない。

インテリジェンス

　さまざまな情報を分析し、知見として共有する情報。場合によってはインシデントとなる場合もある。

＊4　**JPCERT/CC**：Japan Computer Emergency Response Team Coordination Center の略。セキュリティ情報の収集や発信を行う組織（170ページ参照）。

第1章　インシデントとは

イベント

　組織に関係する出来事のうち、通常は対応が必要なものであるが、事件・事故につながるものではなく想定内の事象のもの。

インシデント

　組織における出来事のうち、事件・事故、もしくはそれらになり得るもの。

重大インシデント

　組織に重大な影響を及ぼすインシデント。CSIRT の枠組みを超えて BCM[5] や危機管理の領域で扱うべきもの（CSIRT によってはこれらも主体で動く組織もある）。

アクシデント

　一般的な実空間での事故。例えば交通事故や社員の怪我など。

図1-03　事象の分類

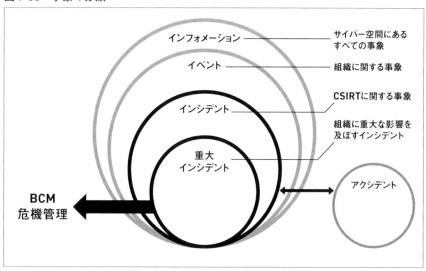

＊**5** **BCM**：Business Continuity Management の略。組織を持続させるために組織として考える対応や管理策。事業継続マネジメント。

なお、アクシデントはサイバーセキュリティの用語としてはあまり使われませんでした。しかし、IoT などの技術の進歩によりサイバー空間と実空間の隔たりがなくなるにつれ、インシデントがアクシデントにつながり、CSIRT の活動範囲もコンピュータの外にまで広がりつつあります。

＞ 3　インシデントの種類

さて、インシデントにはどのようなものがあるのか、具体的な話は後の節に譲るとして、ここでは大雑把な例を挙げてみましょう。

マルウェア

しばしば起きるインシデントとしては、<u>マルウェア</u>の感染が挙げられます。マルウェアとはコンピュータウイルスや不正プログラムとも呼ばれるもので、単体で存在して自己増殖する「ワーム」、単体では存在できないが自己増殖する「ウイルス」、無害なアプリケーションなどになりすます「トロイの木馬」などに大別されます。

図1-04　マルウェアの定義

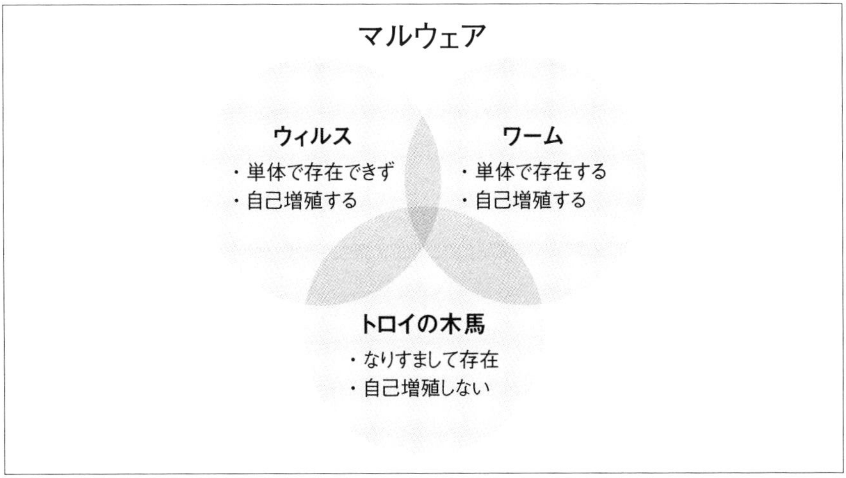

マルウェア

ウィルス
・単体で存在できず
・自己増殖する

ワーム
・単体で存在する
・自己増殖する

トロイの木馬
・なりすまして存在
・自己増殖しない

第1章　インシデントとは

23

不審なアクセス

組織の弱点を探り侵入を試みようとするアクセスや、IoT 機器などへのマルウェア感染を意図したアクセスのことです。また、マルウェアに感染した機器が外部にアクセスすることも含みます。

送信元の詐称

送信元メールアドレスを実在する人や組織のメールアドレスに偽装したり、類似のメールアドレスを作成したりして送信することです。受信した人を安心・勘違いさせてメールを開かせ、添付ファイルを実行させます。

システムへの侵入

データの改ざんや、別のシステムを攻撃するための踏み台目的でシステムに侵入することです。侵入したシステムに対して攻撃用プログラムを実行させ、遠隔で操作することもあります。

ネットワークサービスなどの利用

管理者が意図しない、第三者によるメールサーバ・プロキシサーバ[6] などを悪用することです。暗号資産の採掘（マイニング）での悪用も含みます。

サービス運用妨害につながる攻撃

本来のアクセスを装って大量のアクセスを行うことにより、ネットワークを輻輳させたり、サーバやシステムを停止・再起動させたりすることです。

ビジネスメール詐欺（BEC[7]）

取引先を装って振込先口座番号のみを改ざんした請求書を送付し不正な振込をさせたり、システム担当者を装って個人情報を窃取したりする詐欺の手法です。

---

* 6　プロキシサーバ：インターネット接続において、高速で安全な通信の確保などを行うサーバ。
* 7　BEC：Business Email Compromise の略。

図1-05　さまざまなインシデントの例

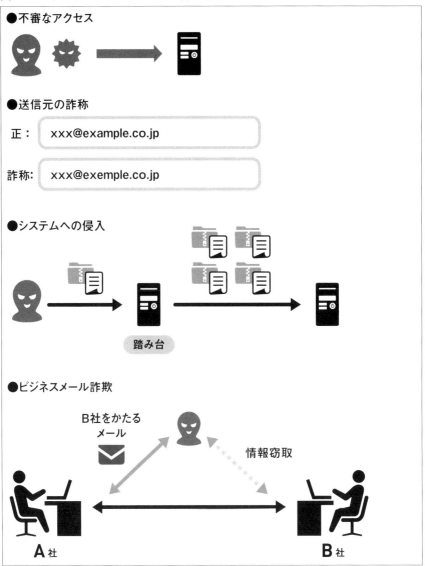

25

「インシデント」への理解を深め、曖昧な言葉をきちんと定義することは、インシデント対応で重要な役割を担う CSIRT にとっても重要です。情報システムは社会に浸透し、組織にとっても必須の存在になっていますが、まだ十分に理解されていないのが現状です。また、お金や人手などの資源を CSIRT に手厚く投入できる組織は限られています。このような理由から、CSIRT を立ち上げると、セキュリティばかりでなく、情報システムに関わる諸事への対応が求められることがしばしばあります。つまり、CSIRT が「なんでも屋」にならざるを得ないのです。そのような CSIRT では、本来の活動が滞ってしまう恐れがあります。そうならないためにも、自分たちの CSIRT が扱うインシデントを定義することはとても重要です。

　それでは、どのように CSIRT が取り扱うインシデントを定義したらいいのでしょうか。詳しくは後述しますが、簡潔に言うと、**自分たちのできる範囲にある、小さなものから決めていくのがいいでしょう**。また、CSIRT だけであらゆるインシデントに対応すると考えるべきではありません。そのためには、**組織が有する情報資産と、起こり得る脅威を洗い出しておくことも重要です**。こうした洗い出しを行わないと、対応すべきインシデントを定義することは難しいでしょう。洗い出しをした上であらゆる事象を想定し、取り扱うインシデントを決めていくことが大事です。さらに、想定外のインシデントが起きた時の対応を検討しておくことも重要です。

1-03 インシデント対応を無視できない理由

十分な備えがない状態でインシデントが発生してしまった場合、顧客のみならず世間から厳しい批判にさらされる可能性があります。しかし、迅速かつ誠実なインシデント対応をとることができれば、むしろ信頼を得ることができるでしょう。

＞ 1　組織におけるサイバーセキュリティ対策の重要性

　私たちの仕事や生活に情報技術（IT）は欠かせません。IT の進化は目覚ましく、モノをネットワーク化する IoT 社会の実現や、AI の活用なども始まっています。しかし、私たちの生活が便利になればなるほど攻撃となる対象が増え、サイバー攻撃も多様化します。私たちはこの多様化するサイバー攻撃に対して、継続的にセキュリティ対策を検討し、実行していく必要があります。

　組織におけるサイバーセキュリティ対策の重要性は政府機関が公開している文書にも記述されています。例えば、サイバーセキュリティ戦略本部が公開している「重要インフラの情報セキュリティ対策に係る第 4 次行動計画」や、経済産業省が公開している「サイバーセキュリティ経営ガイドライン」には、組織としてインシデント対応体制を整備する重要性や必要性が謳われています[8]。

　このような情勢の中、**インシデントに対応する準備を怠った状況下で、インシデントが発生してしまった場合には、顧客からのクレームだけでなく、社会的責任を果たしていないとして世間から厳しい批判や指摘を受けることにもなります。**ひいては会社に対する評価の低下につながるでしょう。

　重大なインシデントが発生すると組織に大きな影響を及ぼします。米Centrify 社の調査によると、データ侵害のインシデントを公表した直後に平

＊8　「サイバーセキュリティ経営ガイドライン ver. 2.0」（経済産業省）の指示 7 及び指示 8。

均して株価が5％下落し、既存顧客の7％を損失してしまうことや、消費者の31％が取引を中止するという結果も出ています[9]。発生するインシデントによって影響度合は異なりますが、大なり小なり被害を受けた組織に影響を与えることは間違いありません。

❯ 2　インシデント対応が組織の明暗を分ける

　しかし、セキュリティ対策を実施していても「ゼロデイ攻撃」（64ページ参照）のように、対策手法がない、対策する時間的余裕もないといった状態でサイバー攻撃を受け、インシデントが発生してしまう場合もあります。このような場合は、発生したインシデントが問題を大きくさせるのではなく、**インシデント対応の遅れや不誠実さが問題を大きくさせます**。経営層への報告が遅れたことで、組織としての方針の検討や対応の指示も遅れが生じ、問題が大きくなるのです。

　例えば、マルウェア感染が確認された端末の対処（隔離や遮断など）を行わなければ、他の端末まで感染して業務に支障が出ます。また、インシデント公表を行わずにサービスを継続すると、2次、3次と被害が拡大してしまいます。インシデント対応の不備によってインシデントは大きくなってしまうのです。

　インシデントが発生したとき、組織として適切な対応をとらなかった場合には、取引先や顧客、株主といった利害関係者からの信頼を失う可能性があります。**しかし、組織として迅速かつ誠実なインシデント対応をとった場合には（インシデントが及ぼす社会的影響や重要度にもよりますが）、逆に信頼を得られる可能性もあります**。インシデントが発生したことを悔いたり咎めたりするのではなく、発生した事実を組織として受け止めて、迅速かつ誠実なインシデント対応を実施しましょう。インシデント対応にその組織の本質が見えると言っても過言ではありません。なお、インシデント対応に組織

＊9　『THE IMPACT OF DATA BREACHES ON REPUTATION & SHARE VALUE』（Centrify 社）
https://www.centrify.com/lp/ponemon-data-breach-brand-impact/

の本質が見えるという点は、サイバー空間に限った話ではありません。目に見える実空間におけるインシデントでも同様のことがいえます。日本は地震や台風をはじめ、自然災害が多く発生する国です。サイバー空間においても実空間においても、インシデントの発生を明確に予想することはできません。ですので、インシデントを可能な限り想像して普段から想定外を想定内にし、訓練を怠らない必要があります。また、インシデントレスポンスの初動はいずれにおいても迅速かつ確実でなければなりません。早期解決に向けて円滑に連絡できる体制を普段から構築しておくことも大切です。

図1-06　インシデント対応にこそ組織の本質が見える

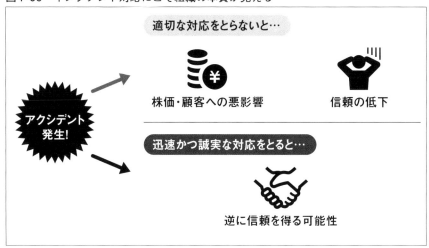

高信頼性組織とサイバーセキュリティ

　セキュリティや安全について考えるときに参考となるのが、高信頼性組織（HRO:High Reliability Organization）という概念です。高信頼性組織とは過酷な条件下において継続的に高い安全性をキープしている組織です。具体例としては、原子力空母や原子力発電所、航空管制などが高信頼性組織であることを求められます。高信頼性組織は想定外や不測の事態に強い組織ともいえます。その意味では、CSIRTやその所属企業も高信頼性組織を目指さなければなりません。

　サイバーセキュリティと高信頼性組織の関係については、内閣官房情報セキュリティセンター（現・内閣サイバーセキュリティセンター）の初代CIO[10]補佐官となった故・山口英氏が「思いもよらないところからでてくるからこそトラブルであり、それがトラブルの本質」「想定外のことにいかにうまく対応していくかがセキュリティ管理の課題」と述べていました[11]。この言葉は2003年に語られたものですが、その本質は今も変わっていないのではないでしょうか。

　高信頼性組織の特徴は三層構造で考えるといいでしょう[12]。第一層は「組織行動」で、表層部分にあたります。鋭敏さ、正直さ、慎重さ、機敏さ、柔軟さの五つが高信頼性組織の組織行動上の特徴です。中間層となる第二層は「組織マネジメント」です。意思決定、情報共有、教育訓練、評価報酬、内部統制を適切にマネジメントすることが求められます。第三層は信頼、学習、正義、勇気の四つの組織文化です。これらは組織の深層部分にあたります。

　こうした特徴の前提にあるのが「マインド」です。2006年に明治大学とJPCERT/CCが実施した「ICT（情報通信技術）業界における高信頼性組織の現状と課題」に関する実態調査では、マインドは問題解決指向、プレッシャーからの自由、防御への投資といった内容から構成されていました[13]。特に、問題解決指向が稼働率との関係性を持っていました。

　高信頼性組織は、マネジメントの言葉で議論されており、現場のオペレーション重視したポジティブなイメージを持つことが特徴です。経営層をはじめ、周囲にCSIRTの重要性を説得していくときに、高信頼性組織のコンセプトと関連づけて説明してみてはいかがでしょうか。

＊ **10**　**CIO**：Chief Information Officer の略。情報や情報技術に関する最高責任者。
＊ **11**　https://www.itmedia.co.jp/enterprise/0312/04/epn01.html
＊ **12**　https://www.meiji.net/business/vol11_aki-nakanishi
＊ **13**　https://xtech.nikkei.com/it/article/COLUMN/20060609/240584/

第 **2** 章

CSIRTの
基礎知識

2-01 インシデント対応の要・CSIRTとは

CSIRTとはインシデントへの対応を行う組織です。その活動は攻撃が発生する前から行われており、インシデントの発生から解決後まで、さまざまな局面で活動することが期待されます。

> 1 CSIRT の定義

CSIRTとはインシデントへの対応を行う組織です。CSIRT同士の連携や問題解決を目的に活動する「日本シーサート協議会（NCA：Nippon CSIRT Association）」は、CSIRTを次のように定義しています。

> CSIRTとは、コンピュータセキュリティにかかるインシデントに対処するための組織の総称です。インシデント関連情報、脆弱性情報、攻撃予兆情報を常に収集、分析し、対応方針や手順の策定などの活動をします。

この定義にあるように、**CSIRTは情報漏えいなどの重大インシデントだけでなく、インシデントにつながりかねない事象にも対応する組織です**。そして、事故やインシデントへの対応のみならず、予防やセキュリティ対策も行うなど、その活動内容は多岐に渡ります。

CSIRTの"T"はTeam（チーム）の頭文字ですが、"T"ではなく「Capability（機能、能力）」の頭文字である"C"をあてる、という考え方もあります。実際、過去にはComputer Security Incident Response Capability、略してCSIRCという呼称が使われていたこともあります。しばしばCSIRTは消防署や消防団に例えられますが、このようなチームの持つイメージやチームワークの重要性から、"T"（チーム）を含んだCSIRT

という名称が一般的になったと思われます。

＞ 2　CSIRT の歴史

　CSIRT の発祥は 1988 年まで遡ります。この年、不正プログラムであるモリスワーム（Morris worm）によってインターネットに接続された多数のコンピュータが利用不能に追い込まれました。世界初のワーム事件である「モリスワーム事件」です。

　当時、インターネットに接続されていたコンピュータは約 6 万台とされていますが、そのうちモリスワームが麻痺させたコンピュータは 1 割にあたる約 6,000 台だったといわれています。現在の状況から見れば大した数字には見えませんが、当時は大きな問題になりました（ちなみに、このモリスワームは日本にはやって来ませんでした。国内のインターネットが本格的にアメリカなどと接続する直前だったからだと思われます）。

　この事件を契機にして、世界初の CSIRT である CERT/CC がアメリカで創設されたことを皮切りに [1]、次々と CSIRT が作られていきました。こうして、世界各国に CSIRT が誕生したのです。

　モリスワーム事件の翌年の 1989 年 10 月、今度は WANK と呼ばれるワームが大きなインシデントを起こしました。この WANK ワーム事件を通して CSIRT 間の連携不足が浮き彫りになったことをきっかけに、翌 1990 年、CERT/CC などが中心となって CSIRT 同士のコミュニティである FIRST（Forum of Incident Response and Security Teams）が発足しました。

　このような歴史的な経緯からも、**CSIRT がチームに立脚したものであることが見て取れます。また、外部の組織との連携が CSIRT にとっていかに重要かが、FIRST の設立によって示されています**。

＊ 1　https://www.sei.cmu.edu/about/divisions/cert/index.cfm

インシデント対応における CSIRT

それでは、CSIRT とはどのような活動をする組織なのでしょうか。図 2-01 はインシデントの予防から発生までの流れを表したものです。

図2-01 インシデントの予防から発生までの流れ

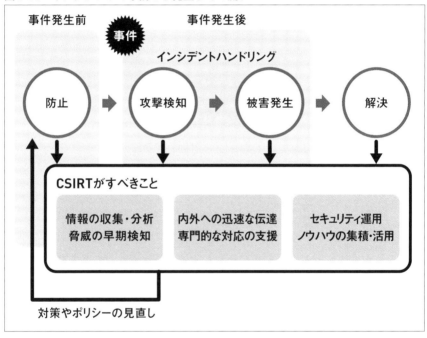

サイバー攻撃が発生する前、つまり予防の段階では脅威に関する情報を収集します。攻撃が発生したら早急に検知をして、解決に向けて専門的な支援を行います。解決したらおしまいではなく、経験したインシデントを通じて組織全体のセキュリティ対策やポリシーの見直しにつなげていくことも、CSIRT の重要な役目です。このように、CSIRT とはさまざまな局面で活動していることがわかるかと思います。

組織における CSIRT

　組織において担う役割という観点ではどうでしょうか。組織の中における CSIRT は、システム運用者や開発者と経営層との間に立ち、いわば通訳として、経営層に対し技術上の説明を行います。外部の CSIRT やセキュリティ関連組織と連携することも重要な役割です（**図 2-02** 参照）。

図2-02　組織におけるCSIRTの役割

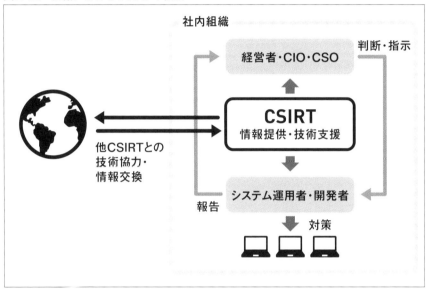

CSIRT のオペレーション

　図2-03 は CSIRT のオペレーション（対応の流れ）の概要を表したものです。図の左右の「コンスティチュエンシー」という言葉は見慣れないかもしれません。**CSIRT の世界ではサービス（役務）を提供する対象を「コンスティチュエンシー（constituency）」と呼んでいます**。

　CSIRT のインシデント対応は、インシデントや脆弱性の情報を受け取ることから始まります。インシデントや脆弱性の情報は、FIRST や NCA といった外部のコミュニティや善意の第三者から提供されます。コンスティチュエンシーからも情報提供されることもあります。また、IDS・IPS[2] で検

知するなどして自ら情報を手にすることもあります。インシデント情報を受け取った後は、コンスティチュエンシーに支援を実施していきます。場合によってはコンスティチュエンシー同士の調整役にもなります。調整には外部機関が関わることもあります。

図2-03　CSIRTのオペレーションの概要

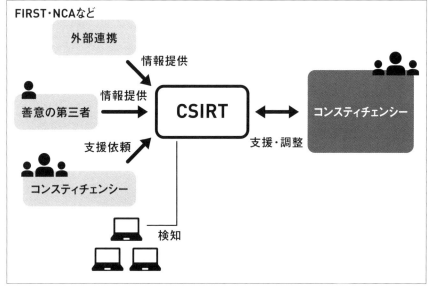

❯ 4　インシデント対応の流れ

　インシデントが発生した場合、どういった流れで対応するのでしょうか。大まかな流れとしては、まず検知・連絡受付でインシデント対応が始まります。次いでトリアージがあり、その後インシデントレスポンスのループで解決に向けて進めます。一つ一つの概要を見ていきましょう。

＊2　**IDS・IPS**：不正な通信を検知・防御するシステム。67ページも参照。

図2-04　インシデント対応の流れ

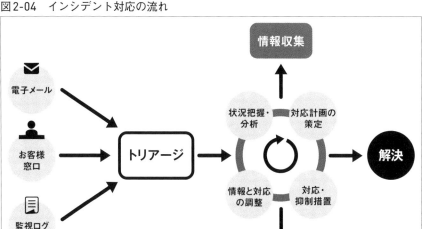

　まずは検知・連絡受付です。インシデントの情報源としては、電子メール、お客様窓口、監視ログが挙げられます。この他にも自ら公開情報やSNSなどの情報を検索し、インシデントの発見に努めているCSIRTもあります。

　CSIRTが脅威に関する報告を受け付けると、まず、**トリアージ**（triage）を実施します。トリアージとはもともと災害医療の用語で、大規模な火災や事故により大勢の患者が発生した場合における治療の優先順位を決めることを指します。サイバーセキュリティの分野でも、**インシデント対応の優先順位を決めることを「トリアージ」と呼びます。**

　インシデントレスポンスでは、状況の把握、対応の計画と実施、関連部署や外部との調整といった作業をインシデントが解決するまで繰り返します。その間、さらなる情報収集を行ったり、被害の拡大を防ぐべく注意喚起などを発信したりします。

レジリエンスに欠かせない インシデント対応

サイバー空間でのすべての脅威に対応することが難しくなっているなか、「レジリエンス」の考え方が重要になってきています。レジリエンスとは「自分で元に戻る力」であり、CSIRT の活動が不可欠です。

> 1 レジリエンスとは

　最近、ビジネスのなかで「**レジリエンス**（resilience）」または「レジリエンシー（resiliency）」という言葉を耳にするようになりました。セキュリティベンダーやコンサルタント会社も「サイバーレジリエンス」というようなテーマを提案しています。実は、CSIRT の活動は、企業のレジリエンスを確保するうえで、欠かせないものなのです。

　「レジリエンス」の意味を非常に簡単に表現すると、**何かあっても自分で元に戻る力、立ち直る力**ということができます。あるいは「回復力」と訳される場合もあります。似た言葉に「ハーディネス（hardiness：耐性）」や「ロバストネス（robustness：頑強性）」という言葉があります。ハーディネスやロバストネスが硬質の鎧のようにすべてを跳ね返すイメージであるのに対して、レジリエンスはゴムボールのように弾性があり、押されてへこんでも元に戻るようなイメージがあります。一度枯れてもまた花を咲かせることのできる花壇、落ち込むことはあってもまた前向きになることのできる精神状態なども「レジリエンス」という言葉で表現されます。

　サイバー空間の話に戻ると、**さまざまな脅威によってシステムダウンなどの不測の事態が発生しても、組織の機能を維持し速やかにビジネスを回復できる力ということができます**。これまで見てきたように、サイバー空間を取り巻く脅威は多様で常に進化しています。したがって、すべての脅威に対応することは、現実的に難しくなっています。事故前提社会ともいわれるなか、企業としてどのようにビジネスを継続させるのかを考えるのが、レジリエン

スの発想です。その意味で、レジリエンスの発想は、企業のBCP（事業継続計画）やBCM（事業継続マネジメント）にも通じます。

図2-05　レジリエンスのイメージ

レジリエンスとは「自分で元に戻る力」

❯ 2　インシデント対応はレジリエンスの根幹

サイバー空間を取り巻く脅威に対するレジリエンスを高めるには、効果的なインシデント対応とCSIRTの活動が不可欠です。そのためには、**まず、何を守るべきか、そして、何を優先的に回復させるべきかについて、企業としての共通認識を確認しておくことが必要です**。この確認を行うためには、ビジネスインパクトという視点からのリスクアセスメント[3]が求められます。リスクアセスメントを行うことによって、インシデント対応における優先順位が決まっていきます。

このように説明すると、レジリエンスは有事（インシデント発生時）の問題と考えがちですが、**実は平時（インシデントが発生していないとき）も含めて考える必要があります**。平時の行動や訓練で学んだことをインシデント発生時にどれだけ実践できるかがレジリエンスにつながるのです。

＊3　**リスクアセスメント**：リスクの特定・分析・評価を行う過程のこと。リスク基準と比較して許容可能なリスクなのか判断する。

2-03 政府が推奨するCSIRT

経済産業省による「サイバーセキュリティ経営ガイドライン」など、政府機関が公開している文書にもCSIRTは数多く記述されるようになりました。そこからCSIRTに期待される役割がうかがえます。

＞ 1 「サイバーセキュリティ経営ガイドライン」 Ver 1.0に「CSIRT」が登場

「サイバーセキュリティ経営ガイドライン」は、経済産業省とIPA（情報処理推進機構）によって2015年12月にVer. 1.0が作成されました。経営者を対象としたこのガイドラインのなかには、「経営者が認識すべき3項目」と「経営者がCISO[4]等に対して指示すべき10の重要項目」が提示されています。Ver.1.0では、この「指示すべき10の重要項目」の一つ（指示9）として「CSIRTの整備」を挙げています。

> 指示9：サイバー攻撃を受けた場合、迅速な初動対応により被害拡大を防ぐため、CSIRT（サイバー攻撃による情報漏えいや障害など、コンピュータセキュリティにかかるインシデントに対処するための組織）の整備や、初動対応マニュアルの策定など緊急時の対応体制を整備すること。また、定期的かつ実践的な演習を実施すること。

このガイドラインを見て、「CSIRT」という言葉を初めて知った経営者も多いかもしれません。

＊4　**CISO**：Chief Information Security Officer の略。組織の情報セキュリティに関する参考責任者。

〉 2 「サイバーセキュリティ経営ガイドライン」 Ver 2.0 での表現

2017 年 11 月には、有識者やパブリックコメントにおける意見などを踏まえて Ver.2.0 が発表されました。具体的には、経営者が認識すべき 3 原則は維持しつつ、経営者が CISO などに対して指示すべき 10 の重要項目について見直しが行われています。目次や概要版を見ると CSIRT という言葉は消えていますが、本文中には「インシデント発生に備えた体制構築」の項に、「指示 7　インシデント発生時の緊急対応体制の整備」として明確に書かれています[5]。その内容を見ると、Ver.1.0 の時よりも詳細で具体的になっています。この「指示 7」を読むと、政府が CSIRT に何を期待しているのかが見えてきます。

指示 7　インシデント発生時の緊急対応体制の整備

影響範囲や損害の特定、被害拡大防止を図るための初動対応、再発防止策の検討を速やかに実施するための組織内の対応体制（CSIRT 等）を整備させる。被害発覚後の通知先や開示が必要な情報を把握させるとともに、情報開示の際に経営者が組織の内外へ説明ができる体制を整備させる。

また、インシデント発生時の対応について、適宜実践的な演習を実施させる。

最初の一文を読むと、**初動対応だけでなく、「影響範囲や損害の特定」「再発防止策の検討」などが記述されています**。また、他の文も CSIRT に関連するものと読めば、情報開示に関する業務や、演習の実施なども期待されていることがわかります。

＊5　「サイバーセキュリティ経営ガイドライン Ver 2.0」（http://www.meti.go.jp/press/2017/11/2017 1116003/20171116003-1.pdf）13 ページ

第2章　CSIRTの基礎知識

　日本政府は、サイバー攻撃によって私たちの生活（インフラ）に大きな影響を及ぼす事業を行っている業種や業態を「重要インフラ事業者」と位置付けています。その重要インフラ事業者を対象とした情報セキュリティの行動計画が**「重要インフラの情報セキュリティ対策に係る行動計画」**です。「行動計画」の歴史は 2000 年に発表された「重要インフラのサイバーテロ対策に係る特別行動計画」にさかのぼります。現在は 2017 年に策定（2018 年に改定）された第 4 次行動計画が最新で、重要インフラ事業者としては情報通信、金融、航空、空港、鉄道、電力、ガス、政府・行政サービス、医療、水道、物流、化学、クレジット、石油の 14 分野が挙げられています[6]。

　CSIRT の記述が現れるのは 2014 年の第 3 次行動計画からで、次のような記述がなされています。

> 重要インフラ事業者等においては、自ら積極的に情報共有活動に取り組むとともに、CSIRT 等の IT 障害対応体制を構築・強化することが期待される。

　ここでは外部との情報連携への期待や、IT 障害の対応に焦点が当てられた記述が行われています。サイバーセキュリティ対策を自組織だけで考え、対応するのは困難な時代になりました。「第 3 次行動計画」の記述からわかるとおり、**自分たちで積極的に外部と情報共有を行い、自組織の対策への有効活用や、インシデントが発生したときに助け合える関係の構築を行っておくことが大切です。**国内ではまだ情報共有活動への理解が乏しいですが、経営層に情報共有活動の重要性を認識してもらうことがより一層必要になります。

---

* 6 https://www.nisc.go.jp/active/infra/pdf/infra_rt4.pdf

> 4 「重要インフラの情報セキュリティ対策に係る 第 4 次行動計画」での CSIRT の記述

2017 年に公開（2018 年に改定）された「重要インフラの情報セキュリティ対策に係る第 4 次行動計画」では、以下のように記述されました。

> サイバーインシデント発生時の対応組織である CSIRT の構築に加え、プラントや工場等の制御系システムへのサイバー攻撃等の脅威に迅速に対応するため、IT と OT の横断的な組織整備や、OT のセキュリティ人材の育成の重要性を訴求する。

「第 3 次行動計画」では IT 障害対応のチームとして CSIRT は期待されていました。一方、「第 4 次行動計画」では、OT[7] の領域にも踏み込み、組織としてサイバー攻撃に対応することを求めています。IT と OT それぞれの領域を CSIRT の活動範囲とするかは各組織の定義によって異なりますが、**CSIRT が中心となって組織のセキュリティ強化を行い、IT と OT の隔たりなく、組織としてサイバー攻撃に向き合っていく必要性があります**。IT であっても OT であっても、インシデントが発生し、顧客や社会に迷惑をかけることがあれば、領域関係なく組織の責任が問われることに変わりはありません。一般的に IT と OT の領域には隔たりがあるとも言われていますが、オープン化、ネットワーク化など技術の進歩や活用が進む昨今において、いつまでも隔たりが設けられていることは時代遅れともいえるでしょう。

＊7 **OT**：Operation Technology の略。社会インフラを支える設備やシステムなどを動作・制御させ運用する技術のこと。

2-04 インシデント発生を「予防」する

CSIRT に求められる役割はインシデント対応の準備だけではありません。インシデントを起こさない環境づくりの取り組みが必要です。脆弱性の認識やアクセスコントロールの管理といった技術面が関係するもの以外にも、人的・組織的な環境整備も欠かせません。

＞ 1 自組織を知る

　CSIRT が活躍するのはインシデント発生時だけではありません。私たちは普段の生活において、風邪をひいたときにどのように行動するかを考えるだけではなく、「いかに風邪をひかないようにするか」を考えます。CSIRT においても同様のことがいえます。つまり、**インシデントが発生したときに迅速かつ的確に対応するための準備だけではなく、インシデントを起こさないための環境づくり、すわなち「予防」の取り組みが必要です。**

　予防でまず大切なことは、「自分たちの組織を知る」ことです。私たち人間も日常の自分の体調を理解していれば、風邪などの変化に気が付くことができます。同じ実践をサイバー空間においても行う必要があります。

　まずは、自組織のサイバー空間（情報資産）の利活用状況について整理をしておく必要があります。**自組織のシステム、パソコンやサーバ、ネットワークなど、どのような資産を保有し、どのように使用しているのかなど、現状を把握しておくことが必要です。**

＞ 2 脆弱性の認識と情報収集

　サイバー攻撃の方法として、システムやソフトウェアの弱点や欠陥（脆弱性）を突いて行われる攻撃があります。製品やサービスの供給者は脆弱性を認識すると、その脆弱性を補うための「セキュリティパッチ」を提供してい

ます。CSIRT は脆弱性に関する情報を収集し、自組織に影響を及ぼす場合は、緩和策や回避策の検討、また提供されたパッチの適用の検討（検証作業）などを実施する必要があります。脆弱性情報の収集方法はさまざまですが、まずは JPCERT/CC や IPA などが提供しているメールマガジンに登録しておくと、重大な脆弱性情報に関する情報収集を簡単に行えるでしょう。

　また、自組織を知るためには「脆弱性診断」を実施し、自組織が保有するシステムやソフトウェアにどのような脆弱性が潜んでいるのかを、事前に確認しておくことも大切です。脆弱性診断は手法を学習すれば自組織でも実施できますが、第三者としての視点や技術的な対応理由から、診断を専門とする組織に検査をお願いすることが望ましいでしょう。

〉 3　アクセスコントロール

　さらにセキュリティ対策の基本と言えるのが「アクセスコントロール」です。業務スペースに関係者しか入室できないように施錠管理などをするように、サイバー空間においても利用者の制限や権限の設定など、環境整備をしておく必要があります。

　例えば、組織内で顧客情報に触れる必要のない人が、顧客情報にアクセスできる権限を有していることや、パソコンやサーバなどの機器の設定変更が誰でも簡単に行える環境は健全な組織とは言えません。情報漏えいやセキュリティ低下の恐れのある要因は早期に把握し、対処しておく必要があります。

　また、アクセスコントロールはサイバー攻撃の成功と失敗にも大きく直結します。万が一、攻撃者に組織内への侵入を許したとしても、アクセスコントロールが適切に行われていれば、攻撃に時間が掛かり、重要な情報にはなかなかたどり着けず、被害を最小限またはゼロにすることも可能です。

❯ 4　セキュリティ製品の有効活用

　その他にも、導入しているセキュリティ製品のログを確認して、どのような検出や製品動作を行っているのか確認しておくことも大切な予防方法です。例えば、ファイアウォール[8]の設置を適切に行っていれば、あるいはセキュリティ対策ソフトが適切に動作していれば防げていた事例もあります。製品は最新のものを利用できているか、製品に含まれているモジュールは有効活用できているか、バージョンアップによって追加された機能の設定は行っているかなど、セキュリティ製品の利用状況を確認しておくことも大切です。また、組織においては新しくセキュリティ製品を導入・運用することが難しい場合もあります。そうした場合は、すでに導入されている技術や製品を活用する方針をとることも考えられます。

❯ 5　「予防」は技術だけではない

　ここまで技術的な話を中心にしてきましたが、物理的、人的、そして組織的な視点も同様に「予防」を検討する必要があります。組織面では、インシデントが発生しても慌てないようにコミュニケーションの方法や報告先の明確化、そしてシステム停止の権限確認や決定者不在時の対応方法などが事前に取り決めておくべきこととして挙げられます。人的観点としては、従業員がインシデントに気がつきやすいように、昨今のサイバー攻撃に関する情報提供を行ったりリテラシーの向上を図ったりします。また、CSIRTのメンバーが平常心でインシデントに対応できるように、体力強化や訓練・演習を繰り返し実施する必要もあります。消防署員が消火能力を日々鍛えるようなものです。物理的な面では、ゾーニングによって情報の取り扱いレベルを最初から分けておくことや、サーバルームなどの重要な部屋への入室制限をす

＊8　**ファイアウォール**：端末からの接続を制限し、必要なアクセスのみを許可して外部からの攻撃を防ぐ、通信における壁のようなもの。

るための対応なども行っておく必要があります。取り組みやルールを定める一方で、インシデント発生時には誰の許可や権限によって入室などの対応ができるのか、重要区画への入室を緩めることも合わせて検討しておくとより良いでしょう。

　日頃から演習を行いインシデントに対する免疫力を普段から高めているかなど、予防を一つ一つ実践しておくが大切です。「予防」を忘れば風邪をひきやすい（インシデントを起こしやすい）のは言うまでもありません。「予防」対応を実施した組織こそ、組織内で活躍し、評価されるCSIRTとなり、実体のない「箱だけCSIRT」と呼ばれることはないでしょう。

図2-06　日頃から予防の取り組みを行う

第2章　CSIRTの基礎知識

47

2-05 外部組織と連携する

サイバー攻撃に対処するには外部との連携が不可欠です。外部連携のためには、まず PoC を開設しましょう。外部との連携をとることは、情報収集や脅威の認知のみならず、インシデント対応サービスを得るうえでも有用です。

〉 1 サイバー攻撃は外部からの指摘で発覚する

　私たちが生活している実空間において、「何を、いつ、どういう手段で、盗み出します」とわかりやすく攻撃の手口や侵入時期などを明かして攻撃する犯罪者は少ないです（予告して攻撃を行う例外はあります）。サイバー空間も同様に、攻撃者は気づかれないように工夫をしながら活動しています。

　標的型攻撃の約 9 割は外部からの指摘で攻撃に気が付いているという結果が出ています[9]。また、すでに 4 組織に 1 組織は遠隔操作されるツール（RAT）の活動が確認されているといった調査結果もあります[10]。**昨今のサイバー攻撃は自分たちの組織だけでは気が付きにくいのです。**

　また、サイバー攻撃は自組織だけではなく、同業種の組織や複数の組織で発生している場合もあります。さらには攻撃者が自組織を装って攻撃を行っている場合や、自組織のシステムに侵入し脅威を拡散していたりする場合もあります。そのため、**被害者としての立場だけでなく、いつの間にか攻撃者に加担してしまっているインシデントも発生しています**。このように巧妙化しているサイバー攻撃の認知や共有、そして対処を行うためには、外部組織との連携を欠かすことができません。

＊ 9 　https://blog.trendmicro.co.jp/archives/13979
＊ 10　https://blog.trendmicro.co.jp/archives/19405

図2-07　標的型サイバー攻撃の検出割合

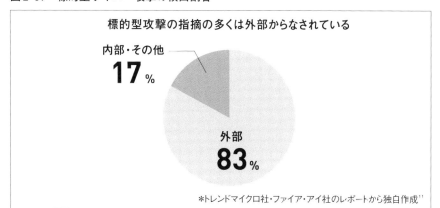

標的型攻撃の指摘の多くは外部からなされている

内部・その他
17 %

外部
83 %

＊トレンドマイクロ社・ファイア・アイ社のレポートから独自作成[11]

❯ 2　自分たちは誰なのかを示す PoC

　まず、外部連携を行う前提となるのが、自分たちは誰なのかを示すことです。すなわち CSIRT の「信頼できる窓口（PoC）」を公開することです。例えば、自組織のホームページに CSIRT のページを作成したり、日本シーサート協議会が公開している紹介ページに公開したりするなど、自組織の連絡先を公開しておくことが外部連携の入口です。

　PoC を公開しておくことによって、自組織のサイバー攻撃の発見者や通報者として、警察や JPCERT/CC、IPA といった公的または中立的な機関をはじめ、他の CSIRT やセキュリティベンダーなどから自組織に関するインシデント情報を取得できる可能性があります。普段からこのような機関と連携し、信頼関係を構築しておくことが望ましいことは言うまでもありません。

　JPCERT/CC はサイバー攻撃によって生じたインシデントに関して、対応の支援や助言などを行っています。特に日本国内のサイトに関する報告の

＊ 11　「セキュリティ・スキルのギャップを解消」（https://www.fireeye.jp/content/dam/fireeye-www/regional/ja_JP/products/pdfs/wp-closing-the-security-expertise-gap.pdf）、https://blog.trendmicro.co.jp/archives/13979、https://scan.netsecurity.ne.jp/article/img/2015/12/15/37823/18571.html

受付は JPCERT/CC が行っています。また IPA（情報処理推進機構）は組織のセキュリティ対策の参考となる文書を複数公開し、脆弱性の受付窓口なども行っています。また J-CSIP などの重要インフラ組織固有の情報共有体制も有しています。

　警察の詳細は 173 ページで述べますが、警察庁が実施している CCI（Counter Cyber Intelligence）といった取り組みや、都道府県警察本部毎にサイバーテロ対策協議会といった会議などもあります。また各県警の相談窓口は一覧となって公開されているので、まずは警察の PoC を認識しておくと良いでしょう。また、政府はさらにサイバーセキュリティ基本法を改正し、インシデント情報を共有する仕組み（サイバーセキュリティ協議会）を構築しました。今後も政府の動向をはじめ、自組織の監督官庁との連携もできる限り実施しておきましょう。

❯ 3　インシデント対応サービス

　さて、早期にインシデントを発見できたとして、自組織において適切かつ迅速にインシデント対応ができる能力や体力を満たしていなければ対処はできません。残念ながら、国内の CSIRT において「人・モノ・金・情報」が潤沢で統制もとれている恵まれた組織はほとんど存在しません。そのため、**対処が必要な際に迅速に対応が行えるよう、インシデント対応サービスを提供する組織と無償と有償の対応範囲などを含め、普段から連携を行っておく必要があります。**

　JPCERT/CC や NCA では助言を行うことがあっても、直接的な対処や復旧作業を行わないので連携としては不十分です。例えば、日本ネットワークセキュリティ協会において「サイバーインシデント緊急対応企業一覧」が公開されており、どのような組織がインシデント対応を支援してくれる組織であるかを知ることができます。掲載されている企業と普段からコミュニケーションをとり、皆さんにとっての「119 番」を明確にし、無償と有償対応の境界線の確認などを行い、インシデント対応支援が必要な場合により迅速対

応が行えるよう準備をしておきましょう。

　他組織のインシデントは決して対岸の火事ではありません。明日は我が身と捉え、情報共有を積極的に行い、組織内外のステークホルダー（利害関係者）と普段から連携しておきましょう。

2-06 CSIRTと組織マネジメント

経営事案であるサイバーセキュリティを担うCSIRTが組織において機能するには、マネジメントの知識が重要になってきます。経営学にも用いられる分析の枠組みを利用することで、CSIRTの構築・運用に必要な組織に関する知識が理解できます。

> 1 CSIRTにはマネジメントの知識が重要

組織においてCSIRTを構築・運用するときに重要なのが、組織やマネジメントに関する基本的な知識です。先述したように、サイバーセキュリティは経営事案です。CSIRTも組織の一部として機能することが求められます。

ここでは、組織を分析するときに用いる経営学でよく利用する枠組みである「マッキンゼーの7S」に従って、CSIRTが理解すべきマネジメントの知識を整理します。7Sとは、Strategy（戦略）、Structure（組織構造）、System（システム・制度）、Shared value（共通の価値観）、Style（経営スタイル・社風）、Staff（人材）、Skill（スキル・能力）の七つの視点の頭文字をまとめたものです。世界的なコンサルティンググループであるマッキンゼー社が提唱したもので、MBA（経営学修士）の授業などでもよく使われます。

> 2 7Sの概要

1 Strategy（戦略）

会社員であれば、自社の戦略を理解しなければならないのは当然ですが、サイバーセキュリティの視点からも重要です。自組織の戦略からいって、最も守らなければならない情報資産は何か、どのようなビジネスリスクがあるのかを想定することによって、CSIRTとして重点を置くべき項目や活動目

標が決まってきます。CSIRTのミッション（使命）を定義するときにも自社の戦略の確認は必須です。

2 Structure（組織構造）

組織構造を考える際に一番わかりやすいのは、「組織図」を見ることでしょう。まずは、CSIRTがどこに位置するかを確認しましょう。組織構造は、意思決定構造や権限と責任の構造も表します。**インシデントが発生した際に、どの部署と連絡をとればいいのか、誰に合意をとればよいのか、について日頃から確認しておくことが大事です。**

3 System（システム・制度）

ここでいうシステムとは、もちろん情報システムのことだけではありません。人事制度や会計制度、手続き業務などもシステムとして捉えることができます。これらのシステムを確認して、**組織としてどこに脆弱性があるのか、リスクを抱えているのかをCSIRTとして知っておく必要があるでしょう。**

4 Shared value（共通の価値観）

組織のなかで共有された価値観や理念は、サイバーセキュリティ対策の実装においても重要な役割を果たします。**インシデント対応においても、こうした共通の価値観（例えば顧客重視など）に訴えることで、ユーザ部門や関連部署など組織内の合意を取りやすくなります。**また、経営層に働きかけて、サイバーセキュリティが重要であることを共通の価値観にしていくことも大事です。

5 Style（経営スタイル・社風）

それぞれの組織には、独自の仕事のやり方・スタイルがあります。社風といってもよいでしょう。一つ一つを慎重に行う組織もあれば、積極的に攻めていく組織もあります。これが、Webサービスやコミュニケーション・ツールの使い方や情報システムの開発・運用、ひいてはCSIRTの構成や運用にも影響を与えます。インシデント対応やCSIRT運用はさまざまな部署との

連携や協力が中心になります。もし、経営スタイルや社風を意識することなく、インシデント対応やCSIRTの運用を行えば、周りから理解されず、協力を得られないことになります。

6 Staff（人材）

　組織の中にどのような人材がそろっているのかを確認することは、どんな部署でも重要です。CSIRTを構築・運用するのに十分な人材は組織内にいるのでしょうか？　もし、不足していたら、内部で育成できるのか、外部調達しなければならないのかも考えなければなりません。また、連携すべき他部署にはどのような人材がいるのかも確認しておくとよいでしょう。

7 Skill（スキル・能力）

　ここでいうスキル・能力は個人のものだけでなく、組織や部門、チームのものも含みます。CSIRTとしてのスキル・能力の現状を確認しなければならないのはもちろんのこと、経営層の理解力はどうか、ユーザ部門のリテラシーはどうか、法務や広報など連携しなければならない部署の対応能力はどうかも確認します。現状を知り、必要に応じて能力開発や外部ベンダーの活用などを考えましょう。

CSIRTと法律

サイバー攻撃による被害が発生してしまった場合などを想定して、法律の知識を身に付けておく必要があります。大きく分けて刑事法、民事法、そしてマイナンバー法などその他の法律の三つの分類をもとに、関連する法律を整理して理解しましょう。

〉1　法律知識を確認する必要性

　サイバー攻撃・サイバー犯罪が発生した場合、攻撃者や犯罪者に対する責任追及、あるいは企業やその経営者らに対する責任問題を検討しなくてはならない可能性があります。そのためには法律知識がなければ対応できません。もっとも、詳細に法律を把握する必要はありません。このような法律があるのか、といった程度に受け止めるだけでも役に立つでしょう。

〉2　刑事系

　CSIRTに必要な法律知識としては、<u>刑事法</u>があります。刑事法とは、犯罪や刑罰を規定した法律の総称です。罪刑法定主義という原則から、法律がなければ犯罪とはいえず、刑罰を科すこともできないことになっています。**どのような行為が刑事法によって犯罪とされているのかを知らなければ、警察に被害届を提出したり、告訴状を提出したりするために必要なアクセスログやログイン履歴などの資料を収集することができません。**

　誰もが知っている刑事法の一つに<u>刑法</u>があります。刑法が定める犯罪の中でも、以下のものはCSIRTとして対応する必要があります。

不正指令電磁的記録作成等罪（刑法第168条の2、3）

　パソコンなどの使用者の意思とは無関係に勝手に実行されることを目的と

して、マルウェアを作成・提供・取得または保管した場合には処罰されます。また、パソコンなどの使用者の意思とは無関係に勝手にマルウェアを実行させ得る状態に置いた場合にも処罰されます。

電磁的記録不正作出・供用罪（刑法第 161 条の 2）

他人の事務処理を誤らせる目的で、その事務処理に関する電子データを不正に作成・使用した場合には処罰されます。例えば、インターネットを介した会員登録サイトが所持する顧客データベースの顧客データを、勝手に作成したり、改変して新たな記録を生じさせたりする行為がこれに該当します。

電子計算機使用詐欺罪（刑法第 246 条の 2）

コンピュータに対して虚偽の情報や不正な指令を与えて、銀行の預金残高記録等を作成したり、不正送金をしたりした場合には処罰されます。

電磁的記録毀棄罪（刑法第 258 条、第 259 条）

サーバ内の他人の電子データを消去したりして電子データを毀棄した場合には、処罰されます。

電子計算機損壊等業務妨害罪（刑法第 234 条の 2）

業務に使用するコンピュータの電子データを消去したり、虚偽の情報や不正の指令を与えて業務を妨害したりした場合には処罰されます。例えば、DDoS 攻撃[12]や、ランサムウェア[13]に感染させる行為（暗号資産などの金銭を要求する場合は脅迫罪や恐喝罪が成立する可能性があります）がこれに該当します。

刑法以外では、主に以下の行為が法律により処罰の対象とされています。

＊ 12　**DDoS 攻撃**：端 Distributed Denial of Service の略。複数のコンピュータから対象のコンピュータに対して過負荷をかけるなどによって本来のサービスを提供できなくさせる攻撃。
＊ 13　**ランサムウェア**：端感染したコンピュータに保存されている文書ファイルや表計算ファイルを暗号化し、金銭と引換えに元に戻すことを要求するマルウェア。

不正アクセス罪（不正アクセス禁止法第 3 条、第 2 条第 4 項各号）

　他人のパスワードなどを勝手に用いてアクセス制御機能のあるコンピュータに侵入したり、セキュリティホールを攻撃して侵入したりした場合には処罰されます。

フィッシング罪（不正アクセス禁止法第 7 条第 1 号）

　管理者になりすまして、他人の ID やパスワードを入力させるような、いわゆるフィッシングサイトを公開した場合には処罰されます。

個人データベース等不正提供罪（個人情報保護法第 83 条）

　個人情報の取扱いに関する業務の従事者などが、不正な利益を得る目的で個人情報データベースを不正に持ち出したり、第三者に提供したりした場合には処罰されます。

詐欺行為等による個人番号取得罪（マイナンバー法第 51 条）

　詐欺や不正アクセスなどの不正な手段によって個人番号を取得した場合には処罰されます。

企業が保有する営業秘密を侵害する営業秘密侵害罪（不正競争防止法第 21 条第 1 項各号）

　秘密管理性・有用性・非公知性の 3 要件（不正競争防止法第 2 条第 6 項）を満たす営業秘密に対して、不正アクセスなどの侵害行為をした場合には処罰されます。

＞ 3　民事系

　CSIRT に必要な法律知識として民事法もあります。民事法とは、私人間の法律関係を規律する法律の総称です。どのような行為に対して民事法が責任を課しているのか知らなければ、立証活動に必要なアクセスログやログイ

ン履歴などの資料を収集することができません。民事法のうち重要な点として、主に以下の三つです。

民法の債務不履行責任に基づく損害賠償請求（民法第415条）

　契約関係にある当事者間において、一方の当事者が契約に基づいた義務（債務）をきちんと果たさなかった場合、契約の相手は生じた損害の賠償を請求することができます。例えば、AさんがBさんにプログラムの開発を依頼したにもかかわらず、動作が不完全なプログラムしかBさんが開発しなかったとします。このとき、プログラムが完成されていないかったせいでAさんに100万円の損害が生じた場合には、Aさんは、Bさんに対して、債務不履行に基づく損害賠償請求をすることができます。

民法の不法行為責任に基づく損害賠償請求（民法第709条）

　契約関係にない当事者間において、一方の不法な行為によって生じた損害の賠償をもう一方は請求することができます。例えば、Bさんがわざとマルウェアを添付したメールをAさんに送付し、Aさんがそうとは知らずに添付ファイルを開いてマルウェアに感染したことで復旧費用として30万円かかった場合には、AさんはBさんに対して不法行為に基づく損害賠償請求をすることができます。

取締役らの善管注意義務違反に基づく任務懈怠責任（会社法第423条第1項、第429条第1項）

　これは、取締役らが会社や第三者に対して負う責任です。例えば、会社内のセキュリティを確保するために構築された内部統制システムが、会社の規模や業務内容に対して不十分であった場合は、その体制の決定に関与した取締役らは、善管注意義務（会社法第330条、第355条、民法第644条）違反に基づく任務懈怠責任を問われる可能性があります。また、構築された内部統制システムは適切であっても、取締役らの責任が問われる事態は起こり得ます。内部統制システムがきちんと順守されておらず、しかも取締役らがそのことを知っていながら（または知ることができながら）長期間放置してい

たような場合に、個人情報漏えいなどで第三者に損害が発生したら、善管注意義務違反に基づく損害賠償責任を問われる可能性があります。

＞ 4 その他の法律

刑事法・民事法以外では、マイナンバー法や個人情報保護法も全般的に理解していることがCSIRTとしては望ましいでしょう。また、刑事訴訟法も「サーバの管理者に対する記録命令付差押え」（第99条の2、第219条第1項）と「電磁的記録に係る記録媒体の差押えの執行方法」（第110条の2、第222条第1項）がCSIRTと関係します。プロバイダ責任制限法も覚えておきましょう。

第2章　CSIRTの基礎知識

表 1　CSIRT に必要な法律と犯罪

刑事系	
刑法	・不正指令電磁的記録作成等罪 ・電磁的記録不正作出等罪 ・電子計算機使用詐欺罪 ・電子計算機損壊等業務妨害罪 ・名誉毀損罪　など
刑事訴訟法	・記録命令付差押え ・電磁的記録にかかる記録媒体の差押えの執行方法 ・捜査関係事項照会　など
不正アクセス禁止法 不正競争防止法	・不正アクセス罪 ・不正取得罪 ・不正アクセス助長罪 ・知情提供罪 ・不正保管罪 ・フィッシング罪 ・営業秘密侵害罪　など
民事系	
民法	・債務不履行又は不法行為に基づく損害賠償請求など
会社法	・経営者らの善管注意義務に基づく任務懈怠責任など
民事訴訟法 民事保全法 民事執行法	・サーバ等の証拠保全 ・労働時間管理データの保全　など
その他	
個人情報保護法	・安全管理措置 ・個人情報データベース等不正提供罪　など
マイナンバー法	・特定個人情報ファイルの不正提供罪 ・個人番号の不正提供等罪
電気通信事業法　など	・通信の秘密　など
プロバイダ責任制限法	・送信防止措置
	・発信者情報開示請求
著作権法 特許法　など	－
製造物責任法 消費生活用製品安全法 電気用品安全法　など	－

2-08 CSIRTとITの知識

技術の観点からCSIRTに必要な知識を整理しましょう。インターネットやOSといったIT一般に関する知識のほか、PGPや認証・権限などセキュリティ関連の知識を身に付けておくとよいでしょう。

＞ 1 IT 一般

インターネット

　インターネットとは、通信技術により個人から企業、政府機関までさまざまな機器を接続した各ネットワークをさらに相互に接続したものです。「インター・ネットワーク（inter-network）」を語源としており、「ネットワークのネットワーク」を意味します。TCP/IPという標準化された通信プロトコル（通信手順）を利用しており、現在ではWebサイトや電子メール、音声通信、ファイル共有など、私たちの生活や仕事などあらゆる場面でインターネットが使われています。これに対して、企業などの組織内でのみ構築したネットワーク環境を**イントラネット**といいます。

OS の種別

　OSとは、Operating Systemの略であり、パソコンを動作させるための基本的なソフトウェアのことをいいます。OSの種類を大別すると、Microsoft社製のWindows、Apple社製のmacOSとiOS、フリーソフトウェアライセンスのLinux、Google社が中心となって開発されたオープンソースソフトウェアのAndroidなどがあります。OSの種別によって、その上で動作するアプリケーションソフトウェアの形式が異なります。例えば、Windowsでは、EXE形式（PE形式）のファイルが、Linuxでは、ELF形式のファイルが動作するようになっています。OSは常にアップデートを実施し、最新の状態を保つことが求められています。古い状態でパソコンを使

用し続けると攻撃を受けやすくなり、マルウェアに感染する危険が高まるからです。

〉2　セキュリティ関連

情報のCIA

　情報セキュリティは、情報の機密性（Confidentiality）、完全性（Integrity）、可用性（Availability）を維持することとISO/IEC 2700210に定義されています。これら三つの重要な要素の頭文字を取って、「情報のCIA」と呼ばれることもあります。

　機密性は、情報へのアクセスを認められた者だけが、その情報にアクセスできる状態を確保することで、情報を保護することをいいます。完全性は、情報が破壊、改ざん又は消去されていない状態を確保することで、情報を保存した時点のまま維持されていることをいいます。可用性は、情報へのアクセスを認められた者が、必要時に中断することなく、情報及び関連資産にアクセスできる状態を確保することで、情報を利用したい時に利用できることをいいます。

図2-08　情報のCIA

認証と権限

　認証とは、利用者の範囲が制限されているサービスなどを利用可能な状態にすることをいいます。利用者であることを識別するための情報（IDなど）と、その利用者が本人であることを確認する情報（パスワードなど）を組み合わせる方法が一般的です。IDとパスワードによる認証だけではなく、**多要素認証**や**多段階認証**を実施するなどによってより厳格に認証を行うこともできます。多要素認証は職員証などの所持と個別のパスワードというように、認証を行うための要素が複数必要となる認証方式です。また、多段階認証はパスワードを利用する第一段階と別のコードを利用する第二段階というように、複数のステップで認証を許可するものです。

　権限とは、サービスなどの利用を正当に行うことができるものとして与えられている能力をいいます。権限には、管理者権限やユーザ権限、あるいは、書込権限や実行権限などのファイルに対するアクセス権限などがあります。管理者権限はできるだけ使用せず、通常は、書込権限や実行権限が制限されたユーザ権限で使用することが望ましいとされています。

図2-09　認証と権限

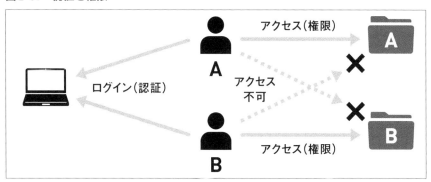

脆弱性とパッチの適用

　脆弱性とは、ソフトウェアにおけるセキュリティ上の弱点のことをいい、「セキュリティホール」と呼ばれることもあります。ソフトウェアに脆弱性が存在すれば、条件によってはそのソフトウェアを介して別のプログラムを

実行させたり、そのソフトウェアが動作している権限を乗っ取ったり、強制的に終了させたりすることができてしまいます。

　パッチとは、ソフトウェアなどで発見された脆弱性を解消するための修正モジュールです。「セキュリティパッチ」とも呼ばれます。脆弱性が発見・報告され公開されればすぐにセキュリティパッチを適用するのが最も望ましいのですが、脆弱性のあるソフトウェアと他のソフトウェアとが連携して動作している場合、このパッチの適用によって不具合が生じたり、機能しなくなったりする場合があるため、さまざまな試験を経なければパッチを適用することができないシステムも多々存在します。

　また、脆弱性が公開されるまでにセキュリティパッチが公開されない場合、脆弱性公開時からセキュリティパッチ公開時までの期間をゼロデイと呼び、このゼロデイの期間に行われる攻撃が「ゼロデイ攻撃」と呼ばれます。**ゼロデイ攻撃は、セキュリティパッチが適用されていない、いわば無防備な状態のため、脆弱性のあるソフトウェアへの攻撃が成功する可能性は非常に高く、**広く一般的に使用されているソフトウェアへのゼロデイ攻撃であれば、広範な被害が生じる場合もあります。そのため、セキュリティパッチが公開されるまでこのソフトウェアの使用を停止したり、脆弱性のある機能を制限したりして対応する必要があります。

PGP と暗号化・署名

　PGP（Pretty Good Privacy）とは、フィリップ・ジマーマン氏によって開発された暗号ソフトウェアです。公開鍵暗号方式と呼ばれる公開鍵と秘密鍵をペアで用いる方式を採用しており、さまざまなデータの暗号化や署名を行えます。

　データの暗号化はデータの秘密を第三者から保護するためのものです。公開鍵暗号方式によるデータの暗号化では、送信者は受信者の公開鍵で暗号化したデータを受信者に送信します。一方、受信者は自身の秘密鍵を用いて受信したデータを復号（元に戻すこと）します。仮にこの暗号化されたデータが通信経路上で第三者に盗み見られたとしても、受信者の秘密鍵を持っていない第三者はこのデータを復号できません。

図2-10　公開鍵暗号方式

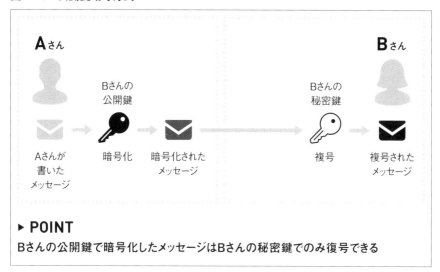

Aさん　　　　　　　　　　　　　　　　　　　　**Bさん**

Bさんの
公開鍵

Bさんの
秘密鍵

Aさんが
書いた
メッセージ

暗号化

暗号化された
メッセージ

複号

複号された
メッセージ

▶ **POINT**

Bさんの公開鍵で暗号化したメッセージはBさんの秘密鍵でのみ復号できる

第2章　CSIRTの基礎知識

　データへの署名の付与は、第三者にデータを改ざんされないように保護する役割があります。その方法は暗号化と逆のプロセスをたどります。送信者は自身の秘密鍵でデータに署名を付与し、受信者に送信します。そして、受信者は送信者の公開鍵で受信したデータを検証します。誰かになりすました第三者が偽の署名を付けてデータを送信しても、本物の送信者の公開鍵で検証すれば失敗するため、送信者はなりすましと判明します。

図2-11　電子署名の仕組み

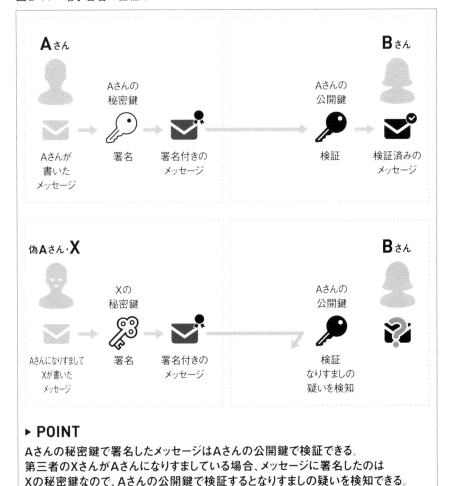

▶ POINT
Aさんの秘密鍵で署名したメッセージはAさんの公開鍵で検証できる。
第三者のXさんがAさんになりすましている場合、メッセージに署名したのは
Xの秘密鍵なので、Aさんの公開鍵で検証するとなりすましの疑いを検知できる。

　なお、なりすましを判断する技術としては、SPF、DKIM、DMARCといっ
た**送信ドメイン認証**も存在します。送信ドメイン認証では、送信元のメール
サーバの情報（IPアドレス）の認証や電子署名のしくみを利用して、メー
ルのなりすましを判断します。

VPN

VPN（Virtual Private Network）とは、安全なデータ交換を行うためのしくみです。盗み見や妨害をされずに目的地まで通り抜けるためのトンネルのような仮想的な専用線をインターネット上に設けます。

脅威の検知と防御の例

サイバー空間上の脅威を検知と防御にもさまざまな技術が利用されています。代表的なものとして、セキュリティソフト、IDS と IPS、EDR、SIEM について触れておきます。

セキュリティソフト（ウイルス対策ソフト）は、端末やネットワークなどに侵入してくるマルウェアを駆除するソフトです。医療におけるワクチンの投与のように、攻撃から防御や被害を軽減をしてくれます。

IDS・IPS は不正な通信への対抗技術です。IDS（Intrusion Detection System）はファイアウォール（46 ページ参照）で接続許可されている通信の不正や、不審な侵入を検知するシステムです。一方、IPS（Intrusion Prevention System）は不正・不審な通信の防御まで行います。

EDR（Endpoint Detection and Response）はパソコンなどのエンドポイントでの不審な振る舞いや痕跡を記録・検知するしくみです。監視の強化や、侵入の経路の調査などにも活用できます。

SIEM（Security Information and Event Management）はさまざまな機器で集められるログ（記録）を集約し、一元的に管理します。インシデントにつながる事象をいち早く検知するための分析も行います。

不正アクセス罪とは

CSIRT が理解しておくべき犯罪の一つに、57 ページでも紹介しました不正ア
クセス罪があります。不正アクセス罪は、インターネット回線に接続されたサー
バに対して、他人の ID とパスワードを勝手に入力してログインするだけで犯罪
になることで知られています（不正アクセス禁止法第 2 条第 4 項第 1 号）。

この不正アクセス罪を規定している条文は、「識別符号」の一つであるパス
ワードを、サーバの管理者から利用権者を区別するために付されたもので、「管
理者によってその内容をみだりに第三者に知らせてはならないものとされている
符号」と規定しています（同法第 2 条第 2 項第 1 号）。ID と組み合わせて使う場
合は「次のいずれかに該当する符号とその他の符号を組み合わせたもの」と規定
しており（同法第 2 条第 2 項）、パスワードと「その他の符号」である ID とを
組み合わせた識別符号の一つとして定義しています。そのため、ID 単体では識
別符号に該当しません。また、ID とパスワードを組み合わせで使用することで、
ユーザがパスワードを変更し、変更されたパスワードを管理者がわからなくても、
ID によって他の利用権者を区別し得るので、識別符号に該当します。

その他にも、"識別符号を除いた「情報又は指令」"を入力して、制限されてい
る機能を利用可能にする行為も不正アクセス罪に該当します（同法第 2 条第 4 項
第 2 号、第 3 号）。これは、主にセキュリティホールを突いて攻撃した場合を想
定して規定されていますが、制限されている機能を利用するために入力するデー
タが識別符号を除いた情報又は指令であればよいため、不正アクセスとなる場合
を広く対象としています。

例えば、ある攻撃者があるサーバに対し、不正にアクセスしてログインし、管
理者権限を奪取して新たなユーザを作成し、パスワードを設定したとします。こ
の新たなユーザは、サーバの管理者が作成しパスワードを付したものではなく、
管理者はこのユーザを認識し、識別できないため、当該 ID 及びパスワードは識
別符号に該当しません。しかし、このユーザでログインした場合は、識別符号で
はない情報を用いてログインしたことに該当するため、第 2 条第 4 項第 2 号の不
正アクセス罪が成立します。

このように不正アクセス罪は、幅広い不正アクセスが包含されるように規定さ
れています。しかし、1 人しか利用権者がいない場合や、デフォルトパスワード
の場合に適用ができるのかなど、さまざまな問題が新たに浮上しています。

第 **3** 章

CSIRTの
人材と組織

3-01 組織におけるCSIRTの位置づけ

組織図上、CSIRTはどのようなところに配置されるのでしょうか。代表的なパターンを挙げて、それぞれの特徴を確認してみましょう。また、CSIRTがどのような権限を持っているかや、それぞれの部署が抱えているセキュリティ面での課題や問題を把握しましょう。

> 1 CSIRTはどのように設置するべきか

　組織において、CSIRTはどのように配置すればよいでしょうか。代表的なパターンはいくつかありますが、CSIRTをどのように設置するかは組織の体制や文化に大きく依存します。

　後述するように、CSIRTの重要な役割の一つは組織内外との連携です。組織の中でさまざまな部署とスムースに連携できるよう、自分たちの組織に合った形でCSIRTを運用しなければなりません。

> 2 CISO・経営層直下型

　最も典型的なのは、CISO、もしくは経営層の直下にCSIRTを置くパターンです（図3-01）。組織に重大な影響を与えかねないインシデントが発生したとき、CSIRTには特定の端末を差し押さえたり、サーバやネットワークを停止したりといった強い権限が必要になることもあります。万が一の時には速やかに対応しなくてはならないため、最高位の権限を持つ人たちのすぐ下にCSIRTが配置されます。

　CISOや経営層の直下に設置するパターンは、CSIRTの歴史が長く、数も多いアメリカなどでは典型的です。日本の企業、特に古参の企業では、経営層の直下にCSIRTを置くことは難しいといわれてきました。主な理由は、CSIRTに関する理解が浅かったこと、内部に新たに組織を設けることが容

易でなかったことが挙げられます。また、CSIRTが大きな権限を持つと他の部署が警戒して、情報のやりとりに支障をきたしかねない、というのも理由の一つです。読者の皆さんがご自分の組織をご覧になっていかがでしょうか。「確かに、経営層の直下にCSIRTを置くのは難しいかもしれない」と感じられる方が多いのではないでしょうか。しかし、わずかながらも状況は変わりつつあります。とりわけ新興企業や金融系の企業では、このパターンが増えています。

図3-01　CISO・経営層直下型

❯ 3　関連部署内設置型

　それでは、日本の多くの企業はどのようにCSIRTを配置しているのでしょうか。**日本企業でよく見られるパターンは、業務の上で関連の深い部署の中にCSIRTを置くものです**。CSIRTが置かれる部署の例としては情報システム部が最も多く、その他に総務、研究開発、法務、危機管理、品質管理の部署に置かれることもあります（**図3-02**）。

　関連部署内に設置する方法は、**すでにある部署にCSIRTを置くため、比較的CSIRTを作りやすい点がメリットです**。一方で、すでにある部署は定常業務を抱えているため、そもそもリソースを割り当てられるのかという問題があります。また、配置が組織内の一部署となるため、実効性のある権限

を持つことが難しくなり、移譲などが実施されないこともあります。

図3-02　関連部署内設置型

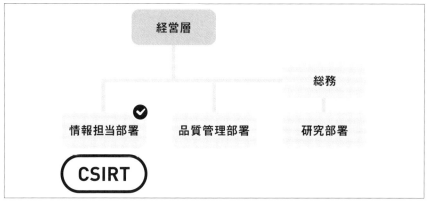

＞ 4　部署横断型

　より広い範囲をカバーすることで、「組織全体を守る」というCSIRTの目的も果たしやすくなります。特定の部署に所属することで活動が制約されないよう、いっそ複数の部署を横断してCSIRTを作るのもよくあるパターンです。例えば、総務部門と研究部門にまたがってCSIRTを設置するといった方法をとります（図3-03）。ある部署の中にCSIRTを置いた場合でも、必ずしもその部署だけがCSIRTを担当するわけではありません。**部署横断にすることで、組織のより広い範囲を見ることができるようになるというメリットがあります**。

　部署の独立性が高い組織や、各々の部署を全体的に把握できる規模であれば、部署横断型がいいでしょう。**一方で、予算・人員・システムといったリソースをどのように配分し管理するのかは十分検討しなくてはなりません**（リソース配分に関しては、次節以降でも取り上げます）。そして、どの部署が責任を有するのか、CSIRT活動の中心となる部署はどこなのかを明確にしておくべきです。リスク管理の部門が責任を有するのが理想的でしょう。

図3-03　部署横断型

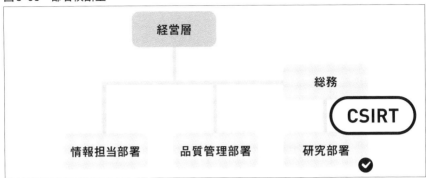

＞ 5　情報システム子会社に設置型

　大企業の中には、情報システム子会社の中にCSIRTを置いている場合もあります。情報システム子会社があるからといって親会社は何もしなくてもいいというわけではありません。そのようなグループでのCSIRTは、**親会社の管理部門と連携しながら活動します**（図3-04）。重要な点は親会社がイニシアチブをとることです。あくまで企業グループ全体でのセキュリティが重要であるという認識のもと活動する必要があります（213ページ参照）。

図3-04　情報システム子会社に設置型

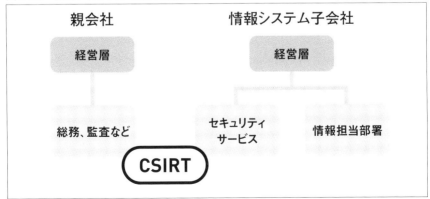

＞ 6 CSIRTの権限

　発生した事態によっては、CSIRTはネットワークの遮断や停止といった重大な提案をする必要に迫られるかもしれません。しかも、いざ実行となった場合には躊躇なく行動しなくてはなりません。先ほど、経営層の直下にCSIRTを置くことは難しいと述べましたが、**たとえCSIRTが経営層の直下になくても、経営判断が必要になる場合などでは、速やかに経営層に報告して指示を仰ぎ（エスカレーション）、実行できる道筋や手順を整えておく必要があります。**

　「権限」というと、何か大それたもののようなイメージがつきまといますが、いつものようにセキュリティ情報を配信したり、インシデントを報告したりすることも、権限あるがゆえの行為です。自分たちのCSIRTはどのような権限を持っているのか把握しましょう。そして、足りないものがあれば付与、あるいは補強されるよう経営層に働きかけて、必要な事態になったときも滞りなく活動できるようにしておく必要があります。

　これら組織の位置づけ、権限、エスカレーションを考慮した場合、**CSIRTのリーダー（コマンダー）となる人物を考慮する必要があります。** リーダーは管理者や経営層と話ができる人でなくてはなりません。

　また、**それぞれの部署がどんな業務を行い、情報システムを利用しているのか、どんな課題や問題を抱えているのかを、セキュリティの観点から可能な限り把握しましょう。** そのためには、部署の人たちとコネクションを持つことが重要です。特に、セキュリティの鍵となる人（キーパーソン）とは、コネクションを維持するよう心がけましょう。

3-02 専任か兼任か

スタッフを専任にするのか他の業務との兼任にするのかは CSIRT の運営においてしばしば課題になります。多くの場合で兼任スタッフによって運営されますが、その場合の留意点や実例を押さえておきましょう。

> 1 専任は「消防署」

CSIRT の運営においてしばしば課題になることがあります。それは、スタッフを CSIRT 専任にするのか、それとも他の業務との兼任にするのかです。それぞれ何が違うのでしょうか。

まず、スタッフを CSIRT 専任にする場合です。専任なら CSIRT の業務に専念することができ、専門性も自然と向上していきます。例えば、消防や救命に携わる消防署の署員は専門家として訓練を積み、緊急時にはいつでも総力で出動できる態勢にあります。CSIRT のスタッフも専任が理想的なのはいうまでもありません。

> 2 兼任は「消防団」

一方の兼任は、CSIRT 以外の部署に籍を置いている者が CSIRT の業務を兼ねることになります。兼任について少し詳しく見ていきましょう。

多くの組織では、情報セキュリティに配分できるお金や人員が限られているため、**CSIRT のスタッフは、もともと所属していた部署との兼任であることがほとんどです**。部署の多くは情報セキュリティ関連の部門ですが、総務、経理、あるいは研究など、セキュリティとは直接的な関係の薄い部門のこともあります。

先に CSIRT 専任について説明した際、消防署を例に挙げましたが、兼任

は消防団のイメージに近いでしょう。消防団員の多くは本業のかたわら、緊急出動や訓練といった消防団の活動に従事します。ただ、たとえ緊急出動であっても、消防団員の活動は、基本的には勤務時間外など本業以外の空いた時間に行われるのに対し、兼任のCSIRTスタッフは部署の業務をこなしながらCSIRTの業務も行う点が、消防団員と大きく異なります。

＞ 3　兼任スタッフを交えたチーム形態

　専任・兼任の視点からCSIRTの形態を眺めたとき、兼任スタッフのいる形態は大きく分けて2種類あります。一つは日本の多くのCSIRTが採用している形態で、**専任と兼任がCSIRTのスタッフを構成します**（図3-05）。大抵は専任スタッフを1、2名置き、残りの必要人員は、情報セキュリティと関連のある部署との兼任です。大きなインシデントが起きたら、兼任のスタッフを招集して全員で対応します。

図3-05　専任と兼任のスタッフによって構成されるCSIRT

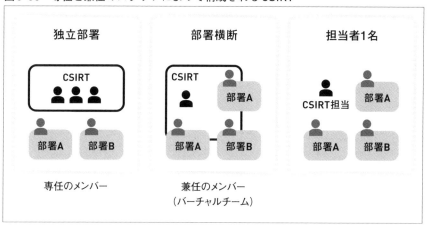

　もう一つは専任のスタッフを置くことが難しい場合の形態で、**CSIRTのスタッフ全員が、所属する部署との兼任です**。インシデントが発生すると、

CSIRTとして集合し対応します。なお、親会社のシステム管理を担当している関係で、情報システム子会社がCSIRTを兼任するようなケースもあります。

図3-06　インシデント発生時に兼任のスタッフが対応

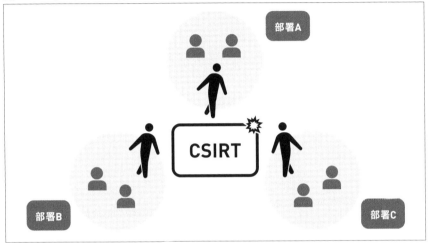

＞4　兼任スタッフでの運営上の注意点

　ここで他の部署に所属する人員をCSIRTのスタッフとの兼任にする場合特に押さえておきたい点を挙げます。どちらかといえば、経営者などCSIRTの管理に最高位の責任を負っている方々向けの話ですが、CSIRT運営の要点の一つとして、CSIRTのスタッフやその周囲の方々も知っておく必要があるでしょう。

　インシデント発生時には、兼任のスタッフも所属部署の業務を中断して対応に当たります。したがって、**業務の空白に対するサポートが不可欠です**。まずは、兼任のスタッフがいつでもインシデント対応に出られるように、所属部署における態勢や手順をあらかじめ整えておくことがポイントです。インシデント対応によって部署での業務に遅れや空白が生じても、兼任者が責

任を負うことがあってはなりません。

　また、インシデントの規模によっては、対応が長引くかもしれません。事案が落ち着いて所属部署に戻ったら、本格的に業務に復帰する、いわば助走のための時間や、場合によっては休暇についても労務管理上の配慮が必要です。自部署の業務も行う兼任のスタッフには特に負担がかかるため、特別な役割を担っているという周囲の認識が何より大事です。

　実際のところ、スタッフが兼任で従事する CSIRT がほとんどですが、運営はなかなか思い通りにいかないようです。どうしても部署の業務に時間や労力を取られがちになり、CSIRT の統括者にとっても管理が難しくなっています。インシデントに対応する者が、他の業務があって実効的に動けないとしたら、CSIRT が機能しなくなるかもしれません。そのような事態を避けようと、どの CSIRT も試行錯誤で運営しているのが実状です。

＞ 5　兼任スタッフの実例

　兼任のスタッフで CSIRT 活動を行うことの難しさばかり紹介してきましたが、兼任という状況を活かした例もあります。

　ある企業の情報システム部門に所属する A さんは、CSIRT を兼任していました。A さんは NCA などセキュリティのコミュニティに積極的に参加する一方、社内の部署を回ってはセキュリティ向上の啓発に努めていました。ある日、コミュニティで知り合った CSIRT のメンバーから、A さんの会社でインシデントが起きているとの連絡を受けます。A さんは早急に対応し大きな出来事になる前に解決しましたが、このときには社内で養った兼任ゆえの活動や人脈がフルに活用されました。なお、A さんの業績は高く評価されて、CSIRT に対する社内の理解が大きく進み、CSIRT のスタッフも増員されました。

　スタッフが兼任から専任になった例もあります。情報セキュリティを研究しているある研究所に CSIRT が設けられました。その時点ではスタッフは他の業務との兼任でしたが、のちに CSIRT そのものが研究の対象になった

ことと、インシデントに対する認知度が高まったことから、スタッフは
CSIRT 専任に変わりました。この例のように、まずは兼務のスタッフを置
き、環境が整ったところで専任にする、というのも一つの方法です。

　ただし、情報セキュリティは我々の主たる業務ではないと考える組織はま
だまだたくさんあります。コストがかさむだけと敬遠する組織さえあります。
こんなふうに業務としての重要性が軽んじられた結果、組織のセキュリティ
を担当することが、キャリアパスとして意味の薄いものになってしまうかも
しれません。**兼務にせよ専任にせよ、キャリアパスも考慮した人事制度が必
要になります**。

第3章　CSIRTの人材と組織

3-03 人材は各部署から選抜する

CSIRTは情報システムやセキュリティ対策に関わる部門の人材だけで構成しても不十分です。まずはリスク管理を行っている人材を選抜し、さらに広報や営業、財務、法務関連の人材も選抜することが望ましいです。

＞ 1 「部署横断」の重要性

CSIRTはサイバー空間で生じる「最悪の事態」に備え、組織や人材を整備する必要があります。そのため、情報システムやセキュリティ対策に関わる部門だけでCSIRTを構成していては、事前準備（エマージェンシーレディネス）も事後対応（インシデントレスポンス）も不十分になります。**CSIRTにとって「部署横断」の体制は重要な要素です。**

しかし、国内のCSIRTは情報システム管理部門が中心となって構築され、そのまま運用されている傾向が強いため、国内で構築されている全てのCSIRTで部署横断的な体制を整備できているわけではありません。これは既設のCSIRTにおける一つの課題です。ここでは、部署横断的な体制を作るための人材の選抜を考えていきます。人材の選抜にあたっては、CIOやCISOだけではなく経営者自身が関与し、リーダーシップをとりながら関連する部署の人材選抜を促進していくよう働きかける必要があります。

図3-07　部署横断が重要

❯ 2　まずはリスク管理を知る人材から

　IT ／ OT システムの管理やそれぞれのセキュリティ対策の検討・遂行している人材を選抜する前に、**組織としてリスク（または危機）管理を行っている人材を選抜する必要があります**。どの組織においても仕事の多くはコンピュータやネットワークなどに依存しており、組織で発生するインシデントは、単に情報システム管理の問題ではなく、組織全体のリスク管理（または危機管理）の問題となり得るからです。

　上記の人材を選定したのちに、システムやセキュリティに携わる人材の選抜を行い、組織として緊急時に対応できる体制を構築しておくことが望ましいでしょう。なお、言うまでもなく、組織のリスク管理を行っている人材や、組織の情報システムに関係し情報技術の現状をよく知っている人材がふさわしいです。事前準備と事後対応の双方において現場対応の中心となれる人材を選抜しておくことが最適です。

❯ 3　広報や営業・財務部門も必要

　インシデントが発生した際には、対外向けの発表や個別のお客様への対応、そして原因究明のための費用などが必要となります。そこで、**広報部門や営業やマーケティング部門、さらには財務部門の人材も選抜する必要があります**。

　特に重大なインシデントが発生した場合は、Web サイトでの公式見解の掲載や、最悪記者会見などを実施することもあります。インシデント発生時に適切かつ迅速に対応するために、広報担当も情報技術に関わる用語の理解や対応フローの改善、そして記者会見のように対外向けに発表する練習などを普段から行っておくと慌てずにインシデント対応が行えるでしょう。**対外向けのミスコミュニケーションは組織の評価を大きく下げる可能性があるので、CSIRT における広報の役割はとても重要です**。また、インシデント発

生時に、組織に所属する広報以外の職員や従業員が勝手に取材対応を行わないよう統制を図っておくことも大切です。

さらには、**営業やマーケティング部門もさまざまな問い合わせやクレームを受ける可能性があります**。インシデントが発生しても迅速に統率のとれた説明が行えるよう、広報部門に近しい心構えをしてもらうことが望ましいでしょう。

財務部門については、**インシデントが発生した場合に、対処や復旧にどれくらいの資金が必要となるのか、他組織のインシデント事例を参考にしながら知っておくことが大切です**。事例を学ぶことは単純に費用面を知るだけではなく、用語の理解や脅威の現状把握にもつなげることができます。

❯ 4 法務関連の支援も

法務に関わる人材も CSIRT に巻き込んでおく必要があります。インシデントが発生し、顧客に何かしらの損害が生じてしまった場合は、訴訟に対する備えが必要となります。例えば、顧客や委託先との契約において、インシデント発生を想定した契約書を作成し、締結できているでしょうか。普段から契約状況や内容を確認し、緊急時に慌てないようにしておくとともに、組織が一方的に不利益を被らないように確認しておくことが大切です。

このように、経営者自身が関与することをはじめ、組織のリスク管理を実施している部門、お客様の顔となりコミュニケーションを行う営業やマーケティング部門、対外向けの PR 活動を行う部門、法律的な解釈や対応が必要になった場合の支援部門、インシデント発生時のコスト捻出に関わる財務部門などが CSIRT に関わってきます。さまざまな部署からメンバーを選抜し、CSIRT を構成することが必要です。

また、メーカーなどでは情報システム（IT）部門と制御システム（OT）部門における連携を促進する必要もあります。いずれの部門からも人材を選抜し、システムの隔たりなく CSIRT を構築しましょう。

表2 CSIRTに必要な人材

役割	説明	部署・担当例
判断する人	ビジネスやリスクを鑑みてネットワークの遮断などのインシデント対応を判断できる人	経営層・CIO（最高情報責任者）
統率する人（統率者）	インシデントや関連業務に対して的確な統制と対応を促す取りまとめ役	リスク管理担当、システム担当、セキュリティ担当
連携する人（PoC）	組織内外の連携の中心的な役割を担う人	リスク管理担当、システム担当、セキュリティ担当
対応する人（対応者）	インシデントや関連業務の具体的な対処・対応を行う人	システム担当
伝達する人（伝達者）	インシデントを関係者に知らせて適切に情報を伝える人	総務担当、教育担当、リスク管理担当
（支援する人）	フィジカル面を含む組織全体のリスクに対する助言や対応を行う人	コンプライアンス担当、リスク担当
	お客様向けの説明を行う人	営業担当、広報担当、マーケティング担当
	インシデントに対する法律的な助言を行う人	法務担当
	インシデントに対して財政面での助言や支援を行う人	財務担当

❯ 5 一人CSIRTの場合は

　組織の規模によっては一人しか担当を設けることができないCSIRTも考えられます。上記のいずれのかの関係する組織から選抜することが望ましいですが、**万が一どれも当てはまらない場合は組織内のコミュニケーション能力の高い人材を選抜するとよいでしょう。**

　なお、経営者がリーダーシップをとる必要性を述べた通り、担当を設けても経営者は関わり続ける必要があります。「一人CSIRT」といっても、事実上少なくとも判断する人と対応する人の2人以上の構成になるでしょう。

3-04 CSIRTを取りまとめる「統率者」

CSIRTの四つの役割のうち、組織全体を俯瞰しインシデントへの予防・対応を牽引するのが「統率者」です。統率者には組織を知り強化することが求められます。インシデント発生時には解決に向けて中心的に判断・対応を指示します。

> 1 CSIRTの四つの役割

CSIRTの中心的な役割は四つあります。集めた情報からインシデントを判断し対応を指示する「統率者」、組織内外から情報を集め、受け口となる「PoC（Point of Contact）」、インシデント発生時の対処や平常時の教育など実作業の実行・指示を行う「対応者」、起きているインシデントや関連業務を経営視点で鑑みたり、現場によりわかりやすく伝えたりする「伝達者（通訳者）」です。以下の節ではそれぞれの役割を見てみましょう。

> 2 統率者はまず組織を知る

まずは「統率者」の役割についてです。統率者は組織全体を俯瞰し、インシデントを発生させない、そしてインシデントが発生しても被害を最小限に食い止められる組織作りを牽引する必要があります。

統率者の普段の活動としてまず大切になるのは**組織を知ること**です。どの組織においても何かしらのセキュリティ対策を実施しています。しかし、組織を知るためにはただ漫然とセキュリティ対策を実施するのではなく、実施しているセキュリティ対策が不足していないか、そもそも導入しているセキュリティ対策に意味があるのかなど、その有効性を確認しておく必要があります。また既存のインシデント対応体制が脆弱でないか、情報システムに脆弱性や脅威が潜んでいないかなど、既存のリスクを可視化し、認識してお

くことが必要です。

❭ 3 組織を強化し、メンバーを教育する

　組織を知ることができたら、次に意識するのは<u>組織を強化すること</u>です。セキュリティ対策が不足している場合や有効性が低い場合、また脆弱性をはじめとしたリスクが内在する場合など、統率者が対応を指示し、セキュリティ対策の強化を推進する必要があります。

　また強化の視点として、CSIRTメンバーのコミュニケーションを実施・推進することも忘れてはなりません。情報システムに近しい部門であれば、普段から脅威情報などに接しているかもしれませんが、広報や法務部門など他部門のメンバーは情報に接することなく、用語や情勢を理解していないかもしれません。**基本的な知識や現状を認知してもらうことは、普段から継続的に実施しておく必要があります**。少なくとも月に一度はCSIRTメンバーが一堂に会し、コミュニケーションを取るようにしましょう。インシデントが発生した際に近しいレベル（用語の理解や脅威概要などを知っている状態）で会話ができると、インシデント対応が円滑に進むことは間違いありません。このコミュニケーションの真の重要性は、インシデントが発生したときに初めて理解することができるでしょう。

　また、**CSIRTの中心メンバーの教育も欠かすことができません**。インシデントが発生したときに指示や対応をするのは、上記の四つの役割に当てはまる人です。消防士が日々訓練をしているように、CSIRTの中心メンバーも普段から訓練をしておく必要があり、統率者自身も訓練を実施する必要があります。

＞ 4　インシデント発生時は中心的役割を担う

　インシデントが発生したときには、統率者はインシデントの解決に向けて
中心的な役割を担います。収集した情報を適切に取り扱い、判断し、対応を
指示する必要があります。また複数インシデントが生じた場合や対応の方法
が複数考えられる場合などは、トリアージ（優先順位付け）をする必要があ
ります。

　なお、**統率者の準備として最も望ましいのは、対応の指示や判断できる権
限を（例えば普段権限を有している経営者層から）できる限り統率者や対応
者などに委譲しておくことです**。意思決定のプロセスが少ないほど、インシ
デント対応がより円滑に行えます。

　しかし、CSIRT の現状を鑑みるとその多くで権限委譲がなされていません。
権限移譲が難しい場合は誰が何を決めるのかを決定しておきましょう（例え
ば「システムを止める権限は誰が有するのか」など）。また、統率者と最高
責任者（意思決定者）間の迅速な連携体制を確保しておくことも欠かすこと
はできません。

外部調整を担う
CSIRTの顔「PoC」

外部連携の重要性は前に述べましたが、外部調整の窓口となる人の必要性と人物像も理解する必要があります。ここではNCAの人材と定義の確保を参照しながら「Point of Contact」の役割を解説します。

＞ 1 　PoC は CSIRT の顔

　組織内外（特に組織外）の連携の中心となり、CSIRT の顔となるのが「PoC（Point of Contact）」です。PoC は「信頼できる窓口」とも称されます。**PoC の役割は、普段から組織内外の関係者（ステークホルダー）と連携し、信頼関係を構築することです。**また、**インシデント発生時には、インシデントの解決に向けて、特に外部組織と円滑に連携が行える体制を整備します。**

　なお、外部との連携役を「PoC」と呼ぶことについては少し注意が必要です。世界的に見ると、外部連携を担う役割は "Representative"（「代表者」の意）と呼ばれます。一方、PoC はコンタクト先を表します。しかし、日本では「代表者」と言うと CSIRT を統括する責任者と受け取られてしまうため、外部連携の役割を PoC と呼ぶようになりました。

＞ 2 　信頼を築いて自分の目や耳で情報を収集する

　情報収集はインターネットを活用すれば多くの情報を入手できる時代になりました。しかし、組織が活用できる質の高い情報は、インターネット上から知ることはできません。例えば、他社の具体的なインシデントや対応事例は多くが非公開です。

　組織が入手できる情報の質や有効性は、PoC の努力によって変化します。つまり、**PoC がイベントやコミュニティに積極的に参加し、自分の目や耳**

で情報を収集し、そこで知り合った仲間と信頼関係を構築してこそ、本来の情報収集が可能になります。また、その信頼関係は情報収集に限らず、インシデント発生時やCSIRTが活動するさまざまな場面で活用することが可能です。イベントやコミュニティに参加することを業務として捉えられない組織も多いですが、CSIRTの活動において、外部連携を行い信頼関係を構築することは欠かすことができない活動です。そのことを経営者も十分に理解して、PoCの活動を組織的また経済的にも支援してもらえるようにしましょう。

　PoCが組織内外と連携を行うと、さまざまな情報を入手することができます。しかし、入手した情報をPoCが抱え込んだままにしては、組織にとっては何の意味もありません。入手した情報はできる限り早く、新鮮なうちに「伝達者」（93ページ参照）に提供し、関係者に共有するようにしましょう。なお、組織の規模やCSIRTの体制によっては、PoCが伝達者を兼務する場合も考えられます。その場合は収集した情報を整理し、迅速に展開するように心がけましょう（詳細は次節の伝達者の役割で述べます）。

❯ 3　関係者を可視化して整理する

　PoCが役割を全うするためには、まず関係者を可視化することが必要です。CSIRTの活動として、普段およびインシデント発生時に連携する人や組織を洗い出し、関係者の一覧（またはマッピング）を作成します。関係者は監督官庁や法執行機関などの公的機関、NCAや業界のISAC[1]などのコミュニティ、同業他社やCSIRTを有する企業、ベンダーなどさまざまです。

　関係者の整理にあたっては、いつ（平時かインシデント発生時か）、どのような状況下で連携するのか、組織にとって連携するメリットは何かを整理しておくと、より組織の連携状況が可視化しやすく、管理もしやすくなりま

＊1　**ISAC**：Information Sharing and Analysis Center の略。サイバーセキュリティに関する情報の共有や分析などを行う業界ごとの組織。

す。さらに連携の優先順位付けにも役立つでしょう。

　例えば、NIST の「Cybersecurity Framework」ではサイバーセキュリティには「特定」「防御」「検知」「対応」「復旧」の五つのフェーズがありますが、どのフェーズにどの関係者が該当するのかを整理しておくと、無駄なく連携を行うことができます。なお、単純に五つのフェーズに多く当てはまる組織だけに注力するのではなく、関係者の質的な重要性も鑑みた上で連携の優先順位付けを行い、コミュニケーション計画を作成しましょう。

❯ 4　人選はコミュニケーション能力に注目する

　これまで述べてきたように組織内外との連携を行う PoC は、連携を苦にせず、組織の顔となる人材が担当する必要があります。PoC は技術力が高い人材に越したことはないですが、**技術力よりも組織のことをよく知っている人材や、調整能力が高い人材、そして何よりコミュニケーション能力が高い人材を PoC にすることが適切です**。技術力は自分で学べば磨けますが、コミュニケーション能力などのソフトスキルは簡単に磨けるものではありません。特に PoC はハードスキルではなくソフトスキルに注目して人選すると良いでしょう。

　既に CSIRT を有する組織も「情報システム・セキュリティ担当だから、今の業務の延長で PoC を担当して」と簡単に PoC を決定していないでしょうか。PoC はただの窓口ではなく、"信頼できる" 窓口であり続ける必要があります。その人選は CSIRT にとってとても重要です。

3-06 現場対応の中心に立つ「対応者」

セキュリティ機器から得られるログやアラートの管理を行うことが「対応者」の役割です。さらに、インシデントが発生したら対応の中心になり、具体的な指示を出します。IT の知識は最低限身に付けていることが望ましいでしょう。

＞ 1 対応者は現場で具体的な対応を行う

統率者からの指示や、PoC が集めた情報を活かして現場で具体的な対応を行うのが「対応者」の役割です。また、CSIRT のサービスは基本的に組織内だけでは完結しないため、運用・保守をお願いしているシステムインテグレーターや、導入しているセキュリティ機器のベンダーなどとも連携する役割も担います。

＞ 2 ログやアラートの分析・対処を管理する

対応者の主たる業務は導入しているセキュリティ機器から上がってくるログやアラートの分析と対処を行うことです。組織では日々大なり小なりイベントが発生しています。セキュリティ機器からアラートを受け取った場合、初見にて想定内であればイベントですが、**インシデントの可能性があるのであれば、その詳細と組織に及ぼす影響を確認・分析する必要があります**。特に、対応者が理解できないアラートが発生した場合や、組織に影響を及ぼす可能性のあるアラートが発生した場合は、インシデントとして対応し、機器を提供しているメーカーの FAQ の確認や、運用・保守をお願いしているシステムインテグレーター・機器メーカーに問い合わせを行い、情報収集を行う必要があります。他にも対応者が気になるログやアラートなどを認知した場合は、早めに統率者に相談し、助言を求めるようにしましょう。

　なお、**導入している機器からログやアラートが出ていない場合は、機器が
きちんと機能しているかを確認しておくことも大切です。**単にインシデント
が生じていないだけであれば問題ないですが、設定不備によりインシデント
を検知できていない場合や誤検知の場合もあります。また、導入している機
器は定期的にプログラムのアップデートやパッチなどが配信されています。
**セキュリティ機器に関する情報収集を行い、アップデートに伴う新機能の活
用や設定の見直しなどを定期的に検討するのも対応者の役割です。**

　また、経営者がテレビやインターネットで新たなニュースを認知したり、
PoC が他社からインシデント情報を入手したりした場合、それらが組織に
どう影響するかを技術的な視点から分析することも対応者の役割です。

❯ 3　各役割の担当者と緊密に連携する

　さて、**インシデント発生時は、対応者が中心となりインシデントの把握や
対応の具体的な指示を行う必要があります。**インシデントに関する情報を収
集、整理し、統率者にトリアージ（優先順位付け）を求めます。また、組織
内外へインシデントに関する情報を認知させる場合は、伝達者に情報の提供
や展開方法を共に検討し、外部の問い合わせに備え PoC に情報を共有しま
す。このように、インシデント発生時には、対応者が現場の中心となり各役
割と緊密に連携し、早期のインシデント解決に向けて対応する必要がありま
す。

　普段の活動でも対応者は他の担当者と連携する必要があります。インシデ
ントが発生したときに従業員が適切に対応できるよう、インシデント対応ガ
イドや対応フローなどの整備を統率者と連携して実施したり、伝達者が行う
組織内の教育や訓練に対応者が持つ経験や技術的な視点から助言を行ったり
することも対応者の役割です。普段から CSIRT メンバーと緊密に連携する
ようにしましょう。

第3章　CSIRTの人材と組織

91

＞ 4　ITに関する知識や関心を持つ人材を任命する

　対応者は具体的な業務を行うために、最低限のIT知識を有している人材が担当することが望ましいです。しかし、全ての組織で最初からITに長けた人材がいるとは限りません。その場合はITに少しでも興味・関心を有する人材を対応者に任命すると良いでしょう。自身で学ぶことはもちろんのこと、システムインテグレーターや機器メーカーと連携し、専門性を高めていきましょう。

　なお、インシデントの対応の経験についても、全ての担当者や組織がインシデント対応に慣れているわけではありません。その場合、「サイバーセキュリティ経営ガイドライン」の付録Cである「インシデント発生時に組織内で整理しておくべき事項」がインシデントに関する整理に役立ちます。自組織や運用・保守ベンダーなどと連携し、整理しておくとインシデントの対応状況を適切に把握、管理することができるでしょう。

3-07 社内の伝達・啓発を担う「伝達者」

セキュリティの意識を組織内で意識を浸透させるのは困難です。CSIRTの人材は、セキュリティの教育や啓発活動を実施しなければなりません。ここでは、NCAの人材と定義の確保を参照しながらその必要性と人物像を解説します。

＞1 伝達者はそれぞれの立場にわかりやすく情報を伝える

　組織で発生したインシデントは、関係者や関係組織（インシデントによってはビジネスパートナーや委託先などの外部組織を含む）に伝える必要があります。従業員であれば発生した事象や対応方法などをよりわかりやすく伝え、経営者であればわかりやすさに加えて、組織として判断が行えるように事業への影響を考慮した上で、インシデントを報告する必要があります。さらに組織の規模によっては外部発信の中心となり、広報としての役割も担う場合があります。その場合は公式見解のとりまとめやメディアへの伝え方なども考える必要があります。

　このように、伝える相手それぞれの立場に立ち、専門用語などの通訳を行い、よりわかりやすく的確に伝える役割が「伝達者（通訳者）」です。インシデント発生時はPoCと連携をとりながら、特に組織内への展開や調整、情報発信などをしましょう。

＞2 情報を理解してもらえるよう普段から啓発する

　伝達者の活動もインシデント発生時だけではありません。普段から組織内への情報の提供や教育・トレーニングなどを行い、ITやサイバーセキュリティのリテラシーやスキル向上に努める必要があります。

　特にITやサイバーセキュリティに関する情報は、カタカナ（英語）や技

術的な用語が多いため、そのまま組織内に情報を展開しても伝わりません。そこで、**いかに理解してもらいやすい内容にするかを工夫するとともに、従業員全体のサイバーセキュリティに対する意識と理解の向上を行うための活動を伝達者は行います**。

　わかりやすく伝えるための工夫の例としては、情報展開または報告用のテンプレートを必要な立場に応じて作成し、定期的に情報を発信するという手法があります。世の中で発生している脅威やインシデントについて「いつ、どこで、どのようなことが起きているのか。そして自組織として学ぶべきことや影響は何なのか」などを整理し、組織内に展開することで、サイバーセキュリティに対する意識を少しずつ高めることが期待できます。この手法ではできる限りフィードバックを得て、組織のセキュリティレベルを確認し、情報発信の精度を高めていきましょう。

表3　報告項目の整理表の例

	誰が（を）	何が（を）	いつ	どこで	なぜ	どのように	どれくらい
事実							
根本原因							
再発防止							
対応							

＞ 3　組織のセキュリティポリシーや対応手順を伝達する

　また、サイバーセキュリティのリテラシーやスキルの向上に加え、**組織のセキュリティポリシーや対応手順などを従業員に認識させ、適切かつ共通の対応が行えるよう組織内のルール浸透に努める必要もあります**。この際、経営層は立場や業務の都合で実施対象外とする場合もありますが、原則として教育やトレーニングについては例外なく組織内で実施しましょう。どの役職者も基礎となる教育やトレーニングは欠かしてはなりません。

　経営者に対して組織のセキュリティポリシーや対応手順などを伝達するた

めには、インシデントが組織や事業にどれだけの影響を及ぼすかを考慮しながら伝達する必要があります。そのため、伝達者自身が自組織の事業をよく理解しておくことも大切です。投資家向けに公開している IR 情報などを確認し、可能出れば経営層との直接的な対話機会を設け、組織の理解を深めていきましょう。

　このように、普段から従業員に情報に触れる機会を設け、サイバーセキュリティに対する意識、組織としてのポリシーや対応方法などを、役職や部門などの例外なく理解してもらえるように努めましょう。日々の活動がインシデント発生時に役立ち、より迅速に対応が行える環境づくりを行うことができます。また被害の最小化に限らず、従業員の意識や知識が高まれば、インシデントの「未然防止」にもつながります。

不正指令電磁的記録作成等罪とは

　2011 年に成立した不正指令電磁的記録作成等罪（刑法 168 条の 2 以下）は、いわゆるウイルス作成等罪とも呼ばれます。しかし、この不正指令電磁的記録はウイルスよりも広い概念とされているため、不正プログラム作成等罪と呼ばれることもあります。作成等罪には、作成罪、提供罪、供用罪、取得罪及び保管罪があります。

　本罪の客体は「人が電子計算機を使用するに際してその意図に沿うべき動作をさせず、又はその意図に反する動作をさせるべき不正な指令を与える電磁的記録」（刑法 168 条の 2 第 1 項 1 号）であり、供用罪以外の客体には「不正な指令を記述した電磁的記録その他の記録」（同項 2 号）も含まれます。ここでいう「意図」は、プログラムの機能の内容や、機能に関する説明、想定される利用方法などを総合的に考慮して、その機能につき一般的に認識すべきと考えられるところを基準として判断され、「不正な」は、社会的に許容し得るものであるか否かという観点から判断されます。

　また、本罪は目的犯であるため、「人の電子計算機における実行の用に供する目的」、すなわち使用者の意図とは無関係に勝手に実行されるようにする目的が必要になります。この目的がなければ、本罪は成立しません。

　罰則は、作成罪、提供罪及び供用罪は、3 年以下の懲役又は 50 万円以下の罰金、取得罪及び保管罪は 2 年以下の懲役又は 30 万円以下の罰金になります。

　供用罪は、実際に不正プログラムを他人に実行させるまでの必要はなく、実行し得る状態に置くことで既遂に達します。この実行し得る状態とまでいえなかった場合、例えば、不正プログラム付きメールを送付したが、受信者がメールサーバからダウンロードしなかったような場合には、不正指令電磁的記録供用未遂罪（刑法 168 条の 2 第 3 項）が成立します。

第 **4** 章

CSIRTを
立ち上げる

4-01 CSIRT立ち上げのステップとポイント

この節では、CSIRTを立ち上げるまでのステップとポイントについて述べます。また、立ち上げ直後のCSIRT認知の活動やワークショップ開催の地味ながら大切な活動についても解説します。

〉 1 CSIRT立ち上げのステップ

CSIRTの立ち上げのステップは、プロジェクトチームや新しい部署など、一般的な部署を立ち上げる場合と大きな違いはありません。ポイントは下記の通りです。それぞれのポイントは本章の次節以降で詳しく見てきましょう。

表4　CSIRT構築に重要な9のポイント

No.	ポイント	参照ページ
1	経営層にCSIRTを認知させる	102
2	守るべき情報資産を把握し課題を探る	106
3	組織におけるインシデントを想定する	109
4	ミッションを定義する	113
5	サービスを定義する	116
6	活動範囲を定義する	122
7	必要な文書・規程類を整理する	125
8	活動のためのリソースを確保する	128
9	CSIRT設立後の活動	131

❯ 2 押さえるべきポイント

　さて、CSIRT立ち上げのポイントですが、次の点を押さえた上で立ち上げに臨みましょう。**まず、組織の情報資産を把握すること。そして、「だれのために何をするのか」という自分たちCSIRTの"ミッション（使命）"と提供する"サービス"を明確に定義することです。**

　当然のことながら、CSIRT立ち上げのステップに入るためには、CSIRT創設に対する経営層の了承が必要です。運用のためのシステムや人的リソース、予算に関する案を作成し、提出します（図4-01）。

図4-01　押さえるポイント（日本シーサート協会「CSIRTスタータキット　Ver2.0」より）

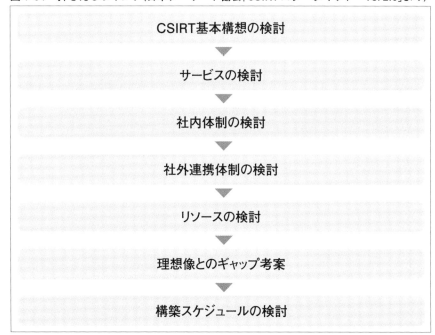

　また、CSIRTの立ち上げの際の大事なポイントとしては、下記の文書を作成することも挙げられます。CSIRTの実際の運用に必要となる文書です

（各文書の詳細は 5 章にて解説します）。

・CSIRT 定義書
・CSIRT 紹介 Web ページ
・CSIRT メンバー行動指針
・インシデント・脆弱性対応全体手順書
・インシデント・脆弱性対応個別毎の手順書
・チーム全体図
・ルーチンワーク手順書
・役割
・運用定義書

　文書について気をつけなければならないのは、「文書ありきではない」という点です。世の中はどんどん変化しています。それに従ってインシデントも変わっていきます。CSIRT 立ち上げ時に作成する文書はそうした変化に対応できる、柔軟なものでなくてはなりません。

　また、インシデントが原因で CSIRT の文書を保管していたサーバが使用できなくなり、インシデント対応の際、肝心の手順書が参照できなかったという事例もあります。重要な文書はコンピュータに保存するだけでなく、印刷して、いつでも参照できるようにしておきましょう。

　ところで、すでに何らかの形でセキュリティ対応を行っていて、CSIRT の体制に移行しようと計画している組織もあるでしょう。そうした組織の多くは、既存の枠組みの中で CSIRT を立ち上げることになりますが、基本的なポイントは新規に立ち上げる場合と変わりありません。

　なかにはトライ・アンド・エラーで CSIRT を作っていくという方法もあります。立ち上げのステップは、それぞれのやり方で適宜を変更したり、省いたり、追加したりするといいでしょう。

❯ 3 CSIRT 立ち上げ後に何をするのか

さて、ついに CSIRT を立ち上げました。次にどうしたらいいでしょうか。**何か事件が起きて行動するのではなく、CSIRT 自身で積極的にインシデントを探し、対処しましょう**。事前準備に焦点を当てれば活動に困ることなく、これまで気がつかなかったインシデントを発見できる場合もあります。想定外と思われるインシデントを可能な限り想定内にすることが大切です。

インシデントを探す際には、コンスティチュエンシー（35 ページ参照）から提供される情報も貴重です。ただ、**コンスティチュエンシーが CSIRT の存在を知らなければ情報はもらえませんので、CSIRT について周知する必要があります**。例えば、社内のメーリングリストや Web を利用して、CSIRT 創設を通知します。あるいは、ワークショップを開催するのも一つの手段です（131 ページ参照）。そこで CSIRT の存在や活動について知ってもらい、現場が抱えているセキュリティ上の課題を話し合うといいでしょう。

第4章　CSIRTを立ち上げる

4-02 経営層にCSIRT を認知させる

CSIRT を立ち上げても、組織の中で認められなければ十分な活動はできません。「サイバーセキュリティ経営ガイドライン」が述べるように、経営層に対してセキュリティが自身の責任であることを認知させることが重要です。

> 1 「サイバーセキュリティ経営ガイドライン」の記述

　最近は、メディアでもサイバーセキュリティの事案が頻繁に取り上げられるようになり、経営層の意識も少しずつ変わってきています。また、政府も「サイバーセキュリティ経営ガイドライン」を作成し、広く経営層の関与の重要性を啓発しています。「サイバーセキュリティ経営ガイドライン」は、2017 年に Ver.2.0 が公開されていますが[1]、そのなかで経営者が認識する必要のある「3 原則」と、経営者がセキュリティ対策を実施する上での責任者となる担当幹部（CISO など）に指示すべき「重要 10 項目」をまとめています。こうした国としてのガイドラインの存在と内容を経営者に示すことで、サイバーセキュリティ対応の重要性とその中核となる CSIRT 活動を理解してもらうきっかけともなります。

　ガイドラインの出発点となる「3 原則」では、以下のようなことが書かれています。

(1) 経営者は、サイバーセキュリティリスクを認識し、リーダーシップによって対策を進めることが必要

　それぞれの項目ではその意図も解説されています。(1) では、「経営者はリーダーシップをとってサイバー攻撃のリスクと企業への影響を考慮したサイバーセキュリティ対策を推進するとともに、企業の成長のためのセキュリ

＊1　https://www.meti.go.jp/policy/netsecurity/downloadfiles/CSM_Guideline_v2.0.pdf

ティ投資を実施すべきである」とあります。**他のリスク同様、サイバーリスクの認識とその対策は、経営者にとって重要な使命であり、リーダーシップが問われるということです**。また、一歩踏み込んで、セキュリティ対策を「企業成長のための投資」と位置づけています。

(2) 自社は勿論のこと、ビジネスパートナーや委託先も含めたサプライチェーンに対するセキュリティ対策が必要

(2) では、「自社のサイバーセキュリティ対策にとどまらず、サプライチェーンのビジネスパートナーや委託先も含めた総合的なサイバーセキュリティ対策を実施すべきである」と解説されています。特にグローバル・サプライチェーンを持つ大企業においては、いくら自社内のセキュリティ対策を強化しても、海外のグループ企業や中小企業の取引先などサプライチェーンの脆弱性を攻撃されてはひとたまりもありません。**経営者としてサプライチェーン全体に目を配ることは必須ですが、そのなかにセキュリティも当然含まれるということです**。

(3) 平時及び緊急時のいずれにおいても、サイバーセキュリティリスクや対策に係る情報開示など、関係者との適切なコミュニケーションが必要

(3) では、「平時からステークホルダー（顧客や株主など）を含めた関係者にサイバーセキュリティ対策に関する情報開示を行うことなどで信頼関係を醸成し、インシデント発生時にもコミュニケーションが円滑に進むよう備えるべきである」と解説されています。日頃からの信頼関係の構築がなければ、インシデント発生時の対応はうまくいきません。**オープンにできるものは、ホームページや統合報告書（年次報告書）などで情報開示することも必要でしょう**。近年は、コンプライアンスやCSRとともにセキュリティについても記載する企業が少しずつ増えてきています。

第4章　CSIRTを立ち上げる

＞2 経営層の言葉で説明する

　敏感な経営層であれば、こうした状況の変化を察知し、サイバーセキュリティが経営上の重要な課題であることを強く認識し、CSIRT の立ち上げを急ぐでしょう。また、すでに CSIRT が存在する企業であれば、その現状や強化策を知りたがるでしょう。

　しかし、残念ながらそうした経営層に恵まれていない場合、CSIRT の重要性を認識してもらうには、何らかの作戦が必要になることもあります。

　いうまでもなく、経営層は非常に多忙です。サイバーセキュリティは確かに企業にとって重要な案件ですが、事業開発、財務会計、人事労務、コンプライアンスなど、他にも検討すべき事案はたくさんあります。経営層にサイバーセキュリティの重要性を認識してもらうためには、こうした他の事案との関連性を認識し、経営層の言葉で説明する必要があります。

　したがって、**自社にどのような脆弱性があり、どのようなインシデントが発生する可能性があるのかといったことを説明する際には、セキュリティの技術用語ではなく、ビジネスリスクや発生し得る具体的な被害を説明することが望ましいでしょう**。幸いにも前述したとおり昨今ではメディアの関心も高まっています。ビジネスの中核となる重要なサービスの停止、顧客情報などの漏えいによるレピュテーション（評判）の低下、ランサムウエアやビジネス詐欺メールによる直接的な金銭被害などの報道は、サイバーセキュリティに詳しくない経営層にも十分理解できるものでしょう。

図4-02 経営層が3原則などを理解することが重要[2]

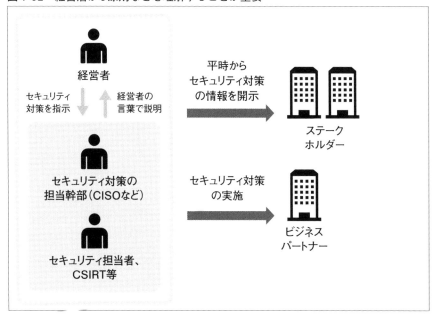

---

* 2 詳細は「サイバーセキュリティ経営ガイドライン（METI/経済産業省）」記載の図も参照。
https://www.meti.go.jp/policy/netsecurity/mng_guide.html

守るべき情報資産を把握し課題を探る

情報資産の管理も CSIRT の役割です。情報資産を把握することで、小さな課題でも発見することが重要です。新しい情報資産が増えていないか、部署単位で管理されている資産がないかなどは注意が必要です。

> 1 情報資産を把握する

「情報資産の管理は CSIRT の仕事ではない」と考える組織も多く存在します。しかし、**組織の情報資産を守ることが CSIRT の役割ですから、CSIRT も自分たちの組織の情報資産について理解する必要があります**。また、情報資産を把握していなければ守るべき対象がみえず、CSIRT の活動も難しくなります。情報資産にどのようなリスクが潜んでいるのかを知り、CSIRT が専門的な見地からアドバイスすることは、組織全体の危機管理にとても有用であるはずです。情報資産には以下のようなものが挙げられます。

- ・スタッフ各人が使用する端末
- ・メール、ファイル、Web サーバなどのサーバ
- ・組織のドメイン（○○.jp や□□.com など）
- ・顧客や従業員の個人情報
- ・製品、サービス、あるいはそれらに関わる情報、営業機密
- ・組織の評判（レピュテーション）

> 2 ハインリッヒの法則

「ハインリッヒの法則」というものがあります。労働災害の防止が専門の

米国人技師ハーバート・ウィリアム・ハインリッヒが導いた法則のため、この名前で呼ばれています。それは、**一つの重大事故の影には、300のヒヤリハット[3]と29の軽微な事故が存在する**、というものです。情報資産の把握についても、このハインリッヒの法則があてはまります。情報資産について何も知らないままでは、危うく大きな事故になるところだったインシデントを見逃してしまう恐れがあります。情報資産を点検して、わずかなものでも課題を発見することが重要です。見つかった課題は組織運営に関わるものかもしれません。あるいは、セキュリティ上の穴といった技術的な問題かもしれません。

図4-03　ヒヤリハットの法則

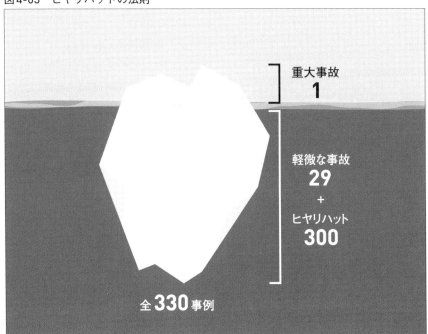

重大事故
1

軽微な事故
29
+
ヒヤリハット
300

全**330**事例

＊**3　ヒヤリハット**：大事故に至らなかったけれども、そうなってもおかしくなかった出来事のこと。「ヒヤリとする・ハッとする」が語源。

＞ 3　情報資産を見落とさないためのポイント

　情報資産は一度把握すればそれで終わりではありません。例えば、ある部署でサーバが設置されるなどして時間の経過とともにサーバの数が増減するのはよくあることですし、商品宣伝用の Web サイトがスタートすることもあるでしょう。**情報資産は常に変化していますから、定期的にチェックすることが大事です**。例えば、ある組織の CSIRT は Wi-Fi のアクセスポイントが立ち上げられていないか定期的に社内を見回って把握しています。定期的にチェックすることで、想定外のインシデントを防ぎ、セキュリティの課題を見つけることができます。

　また、情報資産を点検をしたら、とある部署で構築した把握されてない広報用のサーバが立ち上げられていた、ドメインが取得されてクラウドサービス上で公開されていた、などもよくあることです。こうした部署単位で管理されている資産には注意が必要です。**部署単位で管理されている資産は期間を定めて運用されていることも多いですが、必要な期間が終わってもそのままになっていることもあり、そのようなサービスやサーバでインシデントが発生したという話は後を絶ちません**。しかし、このような情報資産を把握することは難しい問題です。情報資産を必ず登録する仕組みを作ることも重要ですし、外部の視点をもって公開されているサーバがないかを監視するということも必要になるでしょう。

　情報資産を把握する、もしくは把握しようと努力することによって、CSIRT の運用に関わる課題が明らかになることもあります。CSIRT が自分たちの課題を探し、問題点があれば CSIRT 自身で対応することはもちろん、エスカレーションを通じて組織として改善しましょう。

4-04 組織におけるインシデントを想定する

CSIRT が活動するのは組織に影響を及ぼしうるインシデントが発生したときです。組織の事業への影響や、システムごとにインシデントが起きる可能性を踏まえて、CSIRT が対応するインシデントを議論しましょう。

〉1 インシデントの定義の重要性

情報に溢れる現代において、CSIRT がすべての情報を収集し、対応することは不可能です。また、組織で発生したすべての事象に対して CSIRT が活動をすることもできません。CSIRT が活動するときは、大なり小なり組織に影響を及ぼす可能性があるインシデントが発生したときです。裏を返せば、インシデントを定義しておかないと、対応しなくてもよい事象まで対応しなければならなくなる可能性があります。そうならないためにも、インシデントを想定し、定義することは CSIRT にとってとても重要です。

〉2 組織の事業を軸に考える

インシデントを定義するときに大切なことは、組織の事業を軸に検討することです。どういったサイバー攻撃が起きたら組織の事業継続に影響を与えかねないのかを関係者で議論して、インシデントを定義しましょう。議論を進める際には、情報資産の棚卸しで整理した組織のシステムの情報やリスク分析の結果を参考にします。

サイバー空間の脅威はさまざまです。脆弱性を突かれてサイトを改ざんされたり、不正プログラムに感染させられてシステムに侵入されたり、多くの攻撃が存在します（16ページ参照）。一例として、NCA が公開している「CSIRT スタータキット」（Ver 2.0）に「インシデントの大別」といった表

にインシデントの分類と種類が記載されています。ここに記載されている内容がすべてではないですが、起こりうるインシデントを考えるときには、このような情報を参考にするといいでしょう。さらに、ScanNetSecurityでまとめている「インシデント・事故 インシデント・情報漏えいニュース記事一覧」などのニュースサイトの情報を参照すると、直近で起きている脅威やインシデントの傾向を知ることができます[4]。

なお、**インシデントの議論にあたって最初に行うことは、過去に組織内で起きたインシデントを取り上げて議論することです**。再発防止策をしっかり講じていれば、同様のインシデントが生じることはなくなるでしょう。しかし、もし同じ過ちを繰り返すと、過去の再発防止策や教訓が活かされていないと社会からも受け止められ、組織としての信頼が大きく損なわれる可能性があります。

表5 インシデントの大別（「CSIRTスタータキット」別紙の表ををもとに、一部修正）

インシデントの分類	具体例
プローブ、スキャン	弱点探索 侵入行為 ワームの感染
サーバプログラムの不正中継	管理者が意図しない第三者によるサーバの使用
不審なアクセス	「From：」欄などの詐称
システムへの侵入	システムへの侵入、改ざん DDoS攻撃用プログラムの設置（踏み台）
サービス運用妨害につながる攻撃（DoS）	ネットワークの輻輳（混雑）による妨害 サーバプログラムの停止 サーバOSの停止や再起動
その他	コンピュータウイルス、ワームへの感染 スパムメール

---

* **4** https://scan.netsecurity.ne.jp/

❯ 3 各システムでの可能性を考える

　事業自体の重要性、システムの状況、サイバー攻撃の概要を認知したら、**各システムでインシデントが起きる可能性について議論をしていきます**。例えば、インターネットへ接続可能な環境と、インターネットに接続せずUSBメモリを使って外部と情報をやり取りしている環境を比べた場合、発生するインシデントやその可能性も異なります。事業へ及ぼす影響度、インシデントが発生する頻度などを加味してインシデントの定義をレベル分けし、組織におけるインシデントを定義しておきましょう。なお、レベル分けについては下記のように頻度と影響度を表にし、インシデントを当てはめながら議論をしていくと、より効果的に議論ができるでしょう（影響度や頻度のレベルは3から5段階くらいが望ましいです）。

　また、CSIRTでは対応しないインシデントを決めるのも、インシデントの定義づけの一つです。CSIRTのリソースや既存の組織体制を踏まえながら、CSIRTが対応するインシデントを定義しましょう。ただし、CSIRTが対応しないと決めたインシデントであっても、組織として対応が必要であれば把握します。こうしたインシデントをCSIRTが見つけた場合はどこに連絡するのかなども決めておきましょう。

表6　インシデントの定義のレベル分けの例

	多				
頻度	中				
	少				
	極少				
		小	中	大	甚大
		影響度			

＞ 4 　想定外に備えるエスカレーション

　なお、このようにインシデントの定義づけを行っても、サイバー攻撃を正確に予測するのは難しいため、すべてのインシデントを定義することはできません。そのため、**想定外のインシデントに備え、発生した場合に誰にエスカレーションをして、誰が判断するのかを決めておきましょう**。そうすれば、想定外のインシデントが発生しても慌てることはないでしょう。

　インシデントの議論は関係者で議論し、将来発生するインシデントに対して想像力を働かせ、インシデントを抽出し、定義づけをしていきましょう。

4-05 ミッションを定義する

「ミッション」は組織における CSIRT の存在意義です。「資産や課題の把握」「想定したインシデント」「どのような準備や対応をするのか」を検討しながら、背伸びをせず現実的なミッションを定義しましょう。

❯ 1 「ミッション」は設立背景に関わらず必要

　CSIRT に限った話ではないですが、その組織がなぜ存在する必要があるのか。またその役割がなぜ必要なのかを明確にしておく必要があります。**「ミッション（Mission：使命）」の定義づけは、組織における CSIRT の存在意義を明確にするもので、CSIRT が活動していくために欠かすことのできない重要な要素です。**CSIRT の活動をしていく中で、迷いや悩みが生じたときも、このミッションが明確に定義されていれば、自分たちの活動を適切に振り返ることができ、継続的に CSIRT が発展していくでしょう。

　CSIRT の設立背景は組織によって異なります。CSIRT 構築前にインシデントが発生してしまった組織、自発的に重要性に気が付き CSIRT を構築する組織、経営層から急に CSIRT 構築を指示された組織などさまざまです。しかし、**どのような設立背景であってもミッションは CSIRT の関係者全員で作り上げ、合意しておく必要があります。**IPA の調査では、構築された CSIRT が「期待したレベルに満たしている」という割合が約 2 割といった調査結果もあります。これはミッションの定義づけがないがしろになっていることや、合意が事前に取り付けられていないことが原因の一つといえるでしょう。

❯ 2　ミッションをどのように定義づけるか

　では「ミッション（使命）」はどのように定義すればよいのでしょうか。

　定義づけの方法は4-03（資産や課題の把握）と4-02（想定したインシデント）の内容を活用して、以下の三つの項目を検討します。

(1) 組織が守りたいものは何ですか？

(2) 守りたいものに対してどのようなリスクが想定されますか？

(3) 想定されるリスクに対して、どのような準備や対応をしますか？

　項目（1）は「資産や課題の把握」を活用します。**「ヒト」「モノ」「カネ」「情報」のそれぞれの視点を持ちながら整理していくと定義づけがしやすいでしょう**。例えば、「ヒト」の視点であれば顧客や従業員などが考えられます。「モノ」であれば自組織で開発や販売している製品やサービス、または自組織の関係する情報システム、「カネ」であれば売上や資金、「情報」であれば顧客情報や開発情報、分析データなど、という具合です。それぞれの視点で考えると組織の守りたいものが可視化しやすくなります。

　次に守りたい資産に対してどのようなリスクが想定されるのかを考えていきます。項目（2）は4-05で想定したインシデントを踏まえ、**それぞれの資産に対してよりサイバー攻撃を受けやすい資産は何か、またサイバー攻撃を受けたことによって組織により大きい衝撃を与えるリスクは何かを考えます**。

　最後に項目（3）では、どのような準備や対応をするのかを検討します。詳細は次のサービスで検討することになりますが、**事前準備の観点と事後対応の観点で組織として何ができるのかを考えます**。

　これら三つの項目でCSIRTの活動の全体像が可視化されるとミッションの定義づけに苦労することはないでしょう。

図4-04　ミッションの定義を検討する

❶ 組織が守りたい資産は
　　何か?

❷ どんなインシデントが
　　想定されるか?

❸ リスクに対して
　　どう備えるか?

＞ 3 「決して背伸びをしない」という心構え

なお、ミッションを定義するにあたって大切な心構えがあります。それは
「決して背伸びをしない」ということです。現状の自分たちの経験や知識を
踏まえ、現実的なミッションにすることが大切です。また、資産の棚卸しや
リスク分析が実施しきれない場合も同様です。把握している範囲からミッ
ションを定義をしていきましょう。自分たちの能力を超えて、目が届かない
範囲も含めてミッションを定義すると、経営層と現場とのギャップが生じ、
組織の期待に応えることのできないCSIRTになってしまいます。

とはいえ、ミッションは前を向いたものである必要もあります。現状より
も組織が良くなると思われたり、CSIRTの活動が発展する余地を含んだり
するミッション内容の定義が望ましいでしょう。その場合は将来の構想や理
想を含めたミッションの定義づけであることを関係者で共有・合意すること
が特に重要です。設定したミッションに近づくことができるようCSIRTと
して着実に成長をしていきましょう。

第4章　CSIRTを立ち上げる

4-06 サービスを定義する

サービスとは CSIRT が提供する具体的な活動・役務のことです。地に足のついた活動を行うには、自分たちで行うサービス、外部の力を借りて実施するサービス、そして行わないサービスを明確にすることです。

〉1 五つのサービスエリア

　CSIRT が提供するサービスとは、対象とするお客様や社内外のプロダクトなどの利用者に対して提供する具体的な活動や役務のことです。ここでは、CSIRT の国際的なコミュニティである FIRST が 2019 年に公開した「CSIRT Service Framework（ver.2.0）」をベースに、CSIRT のサービスについて解説します[5]。このフレームワークでは、CSIRT が提供するサービスを大きく五つのサービスエリアに分けています。

1　情報セキュリティイベントの管理

　一つ目は「情報セキュリティのイベント管理」です[6]。組織ではサイバーセキュリティに関するさまざまな事象が日々発生しています。他の企業で発生したインシデントも対岸の火事ではなく、自組織に影響が生じるインシデントかもしれません。また、広い意味で OSINT[7] の情報も、得られた時点では組織におけるイベントかもしれませんが、インシデントに発展するかもしれません。さらに、導入しているセキュリティ製品によって検出しているログもイベントの一つです。**イベントが自組織にとってインシデントに相当するのかは、そもそも組織としてのインシデントを定義し、判断できる組織**

＊5　サービスの部類方法はほかにもあり、NCA が提供する「CSIRT スタータキット（Ver 2.0）」では、CSIRT のサービスを事前・事後・品質管理サービスの三つのカテゴリに大別しています。
＊6　イベントは本来インシデントより大きな事象を指します。ここで言っているイベントは SOC（140ページ参照）におけるイベントであるので、インシデントにはならない、もしくはその時点でインシデントとは判断されない事象を指します。

の認識体制を明確にしておく必要があります。また、インシデントかどうか判断に迷うものはインシデントとして取り扱うことを検討すべきです。このように組織で適切な監視や検出を行い、それらを適切に判断することができなければ、インシデントであっても誤った処理をしたり、放置したりしてしまう可能性があります。まずは組織として情報セキュリティイベントの定義とそれに対するインシデントの定義を議論し、体制を整備しましょう。

2 情報セキュリティインシデントの管理

二つ目は「情報セキュリティインシデントの管理」です。**インシデントが発生したときに組織の被害を最小限に抑えるべく、CSIRT がインシデントを管理対応可能な体制・サービスを定義する必要があります。**

まずは、情報セキュリティインシデントに関する報告をきちんと受け入れ、インシデントを的確に分析する必要があります。そのためには、アーティファクトハンドリング[8]をはじめ、脅威を特定できる技術的な対応も欠かせません。インシデントの詳細（影響範囲や攻撃手法や経路、緩和策や対策など）を把握することによって、早期解決と同様のインシデントを起こさないための抜本的な対策につなげることもできます。CSIRT の知識や経験が少ない場合はトリアージが非常に難しく、インシデントの詳細を把握しがたい組織もあるかもしれません。そのような組織は普段から外部との連携や組織としての学習・訓練を行い、組織としてのインテリジェンス（21 ページ参照）を高めていく必要があります。

また、インシデント対応に欠かせないのが組織内外の人や組織との連携です。上記のように、技術的な対応をすべて自組織で行う必要はなく、外部の資料を活用しながら CSIRT としてのレベルを向上させていきます。普段から組織内外のコミュニケーションを積極的に行い、連携をし合いながら、インシデントの早期解決や未然防止に努めましょう。

＊7　**OSINT**：オープン・ソース・インテリジェンス（Open Source Intelligence）の略。公開されている情報をもとにして情報収集を行う手法。
＊8　**アーティファクトハンドリング**：サイバー攻撃が行われたときに、攻撃者が残したコマンド履歴、ログ、使用したツールなどの痕跡（アーティファクト）を収集・調査・分析すること。

インシデントの対応や管理は CSIRT の核となるサービスです。組織としてインシデントにどう向き合うのか深掘りし、体制を整備しましょう。そして、インシデント対応するためには事前準備が欠かせないことを忘れてはなりません。

3　脆弱性管理

　三つ目は「脆弱性管理」です。サイバー攻撃はさまざまな方法で行われますが、脆弱性を悪用して攻撃が行われることも少なくありません。組織として脆弱性をそもそも発見することができるのか、またその脆弱性に適切に対処し、組織として管理することができるのか、体制（脆弱性管理ライフサイクル）を整備する必要があります。

　脆弱性を発見するためには、普段から自組織のシステムや使用している製品などを把握しておく必要があります。そして、脆弱性に関する情報を収集できるようにしておくことも大切です。

　収集した情報や発生したインシデントに脆弱性を悪用される疑いがある、または悪用されていた場合は、脆弱性の調査や分析、インシデントに対応可能な機構と連携しインシデント対応を行います。どういった機構がインシデント対応を行うかは組織によって異なり、脆弱性の調査や分析といった専門的な対応は組織の内外いずれで行っても構いません。組織として対応できる体制を確保しておくことが大切です。なお、脆弱性と聞くとソフトウェアの欠陥として技術的な観点だけで捉えるかもしれませんが、脆弱性は各種文書や設計、システムや人、広くは組織などに潜んでいる場合もあります。技術的観点だけではなく、組織全体を俯瞰して脆弱性を捉え、管理できる体制を整備しましょう。

4　状況把握

　四つ目は「状況把握」です。状況把握の多くは事前準備の段階で実施することです。まず組織を知ることがサイバーセキュリティ対策の第一歩です。組織が大きくなればなるほど、ステークホルダ（利害関係者）は増加し、組織の資産も増加していきます。資産の棚卸を定期的に行い、権限の移譲を含

め組織的・技術的権限の在り方などを検討します。そして、**コンスティチュ
エンシーを定義します**。また、昨今ではサプライチェーンリスクへの対応も
求められており、組織外の契約や連携状況も取りまとめておくことも大切で
す。ステークホルダーの要望や期待、対応すべきことは何なのか事前に把握
をしておくと、インシデント発生時にもそれぞれの関係者が何を求めている
のかわかるため、CSIRT が有効に機能します。

　状況把握のサービスは必ずしも技術的なものだけではなく、情報収集や分
析、共有なども行います。収集した情報や結果、経験に関するデータなど、
把握・認識した情報をどのように展開・集録・管理するか整備しておくこと
が必要です。さらには、**CSIRT で得た情報やデータをインテリジェンス化
し、CSIRT 体制の強化や継続的な活動につなげていく必要があります**。状
況把握のサービスは CSIRT が重要な組織であることを証明し、継続的に活
動を行っていくためにも必要なサービスといえます。

　その他にも、普段からのコミュニケーションも欠かせません。**組織内のセ
キュリティ意識の向上はインシデント対応の準備にもつながるため、組織全
体のセキュリティレベルを向上させることも大切な活動です**。また、組織に
おけるセキュリティポリシーの作成や組織としての規定への理解を深める活
動も実施します。さらに、変化する政策や法律にも注目し、法律に関する助
言を行うなど、組織全体のサイバー空間を支え、組織の事業継続につながる
活動を行う必要があります。

5　セキュリティに対する意識・能力を向上するための活動

　五つ目はセキュリティに対する意識や、組織としてのセキュリティに対す
る能力を具体的に向上するための活動です。CSIRT のレベルは普段から活
動を行い、インシデント対応能力や CSIRT が活動する上での能力を向上さ
せる必要があります。さらに、**組織（またはステークホルダー）のセキュリ
ティレベルを向上させるために教育や演習、トレーニングを行います**。その
ための要件整理や、コンテンツの作成、実施などを行います。また、自分た
ちの活動の啓発、組織内のポリシーや運用、そして自身の CSIRT 活動を組
織内に伝えていくだけでも、一つの教育といえます。

この活動においては、組織のセキュリティリスクに対して技術的なアドバイスを行い、組織全体のセキュリティ能力を高めることが大切です。こうした取り組みによってより迅速にインシデントに対応できるようになり、事故を未然に防ぐことで、広く組織のリスク管理に貢献できます。

表7　CSIRT のサービス概要

サービスエリア (Service Area)	サービス (Service)
情報セキュリティイベント管理 (Information Security Event Management)	・監視と検出（Monitoring And Detection） ・分析（Analyzing）
情報セキュリティインシデント管理 (Information Security Incident Management)	・情報セキュリティインシデントレポートの受理 （Accepting Information Security Incident Reports） ・情報セキュリティインシデントの分析 （Analyzing Information Security Incidents） ・アーティファクト分析とフォレンジック （Analyzing Artefacts And Forensic Evidence） ・軽減と復旧（Mitigation And Recovery） ・情報セキュリティインシデントの調整 （Information Security Incident Coordination） ・危機管理の支援 （Supporting Crisis Management）
脆弱性管理 (Vulnerability Management)	・脆弱性の発見・調査 （Vulnerability Discovery/Research） ・脆弱性のレポートの取り込み （Vulnerability Report Intake） ・脆弱性の分析（Vulnerability Analysis） ・脆弱性の調整（Vulnerability Coordination） ・脆弱性の開示（Vulnerability Disclosure） ・脆弱性対応（Vulnerability Response）
状況認識 (Situational Awareness)	・データ取得（Data Acquisition） ・分析・解釈（Analyze And Interpret） ・コミュニケーション（Communication）

知識の共有と展開 (Knowledge Transfer)	・意識向上（Awareness Building） ・トレーニングと教育 (Training And Education) ・エクササイズ（Exercises） ・技術やポリシーに関する助言 ・(Technical And Policy Advisory)

（括弧内は「CSIRT Service Framework（ver.2.0）」における表記）

＞ 2　地に足のついた CSIRT 活動を

　このように、CSIRT はさまざまなサービスや、それらを実現するための活動を行います。しかし、限られたリソースの中で、すべてのサービスや活動を行うことは不可能です。ここで大切なことは、**CSIRT としてサービスの検討を適切に行い、どのサービスを自分たちで行うのか、どのサービスを外部の力を借りて実施するのか、そしてどのサービスを行わないのかを明確にしておくことです**。CSIRT を構築すると IT やサイバーセキュリティに関することは何でも活動してくれると組織内で誤解を招き、何でも頼まれる可能性があります。そのため、組織内でサービスを適切に定義（できれば文書化）し、CSIRT に高すぎる期待を抱かせず、サービスに関する共通の理解を得て、地に足のついた CSIRT 活動が行えるように準備することが大切です。

4-07 活動範囲を定義する

本来は組織全体を網羅して活動を行う CSIRT ですが、活動範囲を定義づけると責任範囲が可視化できるという利点もあります。どこまでを活動範囲とするか、「組織」「環境（システム）」「インシデント」から考えてみましょう。

〉1 本来の活動範囲は組織全体

　ミッション（使命）に沿ったサービスをどの範囲に提供するのかが活動範囲の定義づけです。CSIRT は本来、組織全体を網羅して活動を行うのが基本ですが、組織全体を網羅して活動できない場合もあります。

　例えば、そもそも CSIRT は構築したいがリソース（人的・経済的・技術的など）が不足している場合や、システムに対する歴史や考え方の異なるIT と OT の組織的な違い、またセキュリティの思考の違いに阻まれるなど、理由はさまざまです。しかし、**CSIRT 構築時には活動範囲が限定されていたとしても、インシデントが発生すればどの環境であっても経営者の責任は同様です**。そのため活動範囲を組織全体に広げることができるよう現場だけでなく、経営層がリーダーシップをとって体制の強化を行う必要があります。

〉2 責任範囲の可視化

　CSIRT の活動範囲を定義すると、自分たちの責任範囲が可視化できるといった利点があります。CSIRT は「コンピュータに関することなら何でも聞いてよい」と言った「何でも屋」に陥りがちです。必ずしも何でも屋が悪いわけではないですが、CSIRT が疲弊しサービスの継続に影響を及ぼす可能性があります。さらにはインシデントが発生した際に、本来取らなくてもよい責任を取らなければならない可能性もあります。活動範囲を明確にする

ことはCSIRTの責任を明確にすることにもつながります。

図4-05　CSIRTが責任を負う範囲を可視化する

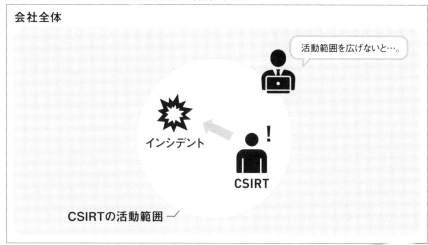

> 3 「組織」「環境」「インシデント」から考える

　ここでは「組織」「環境（システム）」「インシデント」の三つの視点から見た活動範囲の定義づけの例について見てみましょう。

1 「組織」

　まずは「組織」の例です。例えば、パソコンなどの機器購入やインターネット接続などの契約を管理部門に集約されていなかったり、買収によって子会社化した組織の管理体制が一元化されていなかったりなど、統制・集約が組織として図り切れていない場合です。CSIRTが見えない資産やリスクに対しても責任を負うことは負担となります。そもそも、CSIRTのミッションやサービスの設定も難しいでしょう。

　組織として統制する観点からCSIRTに管理を集約するか、上記のような現状を継続するのであればCSIRTの活動範囲としない（言わばインシデン

トが起きても対応を行えない可能性がある）ということを明確にしておきましょう。なお、組織の潜在的なリスクには変わりないため、個別に CSIRT 機能や PoC を設置するよう助言したり、CSIRT への報告を促したりしましょう。将来的に組織全体として統制する仕組みづくりは CSIRT が中心となって進めていくのが良策でしょう。

2 「環境（システム）」

次に「環境（システム）」で活動範囲を設定する例です。組織には勤怠や入退出、帳簿や顧客・研究データなどさまざまなデータやそれを管理するシステムが多数存在します。また、システムによっては外部のクラウドサービスを利用している場合もあります。CSIRT がすべてのシステムを把握、管理（または連携）していることが望ましいですが、難しい場合はより重要なデータを取り扱っているシステムやサービスに焦点を当てて活動範囲を定義します。

なお、重要なデータというと個人情報を含むデータが注目されますが、それだけに限りません。研究・開発中のデータが漏洩したら将来の組織の利益を損なう可能性がありますし、組織のシステム・ネットワーク構成図が漏洩すると、システムやネットワークの弱点を突いて攻撃をしかけられる可能性もあります。組織にとって何が重要な情報なのかは今一度考えながら設定する必要があるでしょう。

3 「インシデント」

最後に「インシデント」による設定の例です。組織におけるインシデントを鑑みながら設定します。より重大なリスクがともなうインシデントについては活動範囲とする場合や、実空間の（物理的）インシデントとサイバー空間の（技術的）インシデントで範囲を分ける場合などがあります。想定しているインシデントの中から活動範囲を選定し、対応できないインシデントについてはどこが対応するのかを明確にしておくとなおよいでしょう。

4-08 必要な文書・規程類を整理する

情報セキュリティの方針を定義することで、その組織の情報セキュリティに関するすべての活動指針が定まり、経営層の求めなどを達成するための手段になります。個別の方針などはこの情報セキュリティ方針に基づきます。

＞ 1 情報セキュリティ方針

　情報セキュリティを確保するためには、組織としての方針を定義し、経営層によって承認されることが望ましいとされています。この方針が定義されていることによって、その方針が組織の情報セキュリティに関するすべての活動指針になり、経営層が求める方向性などの目的を達成するための手段になり得るからです。情報セキュリティ方針には、情報セキュリティの定義、目的、原則、責任や役割、例外対応についての方針を定義することが望ましいとされています。この情報セキュリティ方針に基づいて、情報の分類やアクセス制御などの個別方針を規定し、対処していくことが求められています。

＞ 2 情報管理規程の改訂

　情報管理規程や情報管理対策規程等が各組織では規定されています。その中にCSIRTの役割や権限が含まれていない場合には、これらを含めるように改訂するか、別途CSIRTの設置規程や運用・運営規程を策定する必要があります。この規程には、インシデントの事前準備およびインシデントを認知した後の対応（事後対応）を規定することが必要です。事前準備・事後対応としては、それぞれ以下の事項が挙げられます。

事前準備
- 従業員などがインシデントを認知した場合に報告する内部向け窓口の設置や連絡手段、報告手順の整備や従業員などへの周知に関すること
- 外部との情報連携のための手順を整備すること
- 担当者の緊急連絡先、連絡手段（電話、メール、各種コミュニケーションなど）、連絡内容を含めた連絡体制を整備すること
- 訓練の実施範囲や頻度、訓練の体制を整備すること
- 外部からインシデントの報告を受けるための窓口の整備や内部展開への報告手段、窓口を外部に周知すること

事後対応
- インシデントを認知した際の報告義務
- CSIRTへの連絡方法やCSIRTの権限
- 従業員などに対する定められた対処手順の遵守義務および免責規定
- 外部機関との連絡や報告などの手順
- CSIRTがインシデントを認知した場合の他部門への情報共有

　これらの規程を策定しても遵守されていなければ意味がありません。策定段階から全組織・全部署が相互に検討し合いましょう。

❯ 3　危機管理規程の改訂

　組織の危機が生じた場合に備えた危機管理規程が規定されている組織もあると考えられます。**その中にCSIRTが活動する権限範囲などが含まれていない場合にも、これを含めるように改訂する必要があります**。例えば、CSIRTが活動できるインシデントのレベルや、保護すべき情報資産が侵害された程度によってはCSIRTへ権限委譲することなどが挙げられます。そ

うした権限委譲についての規程例は以下のようなものです。

第○○条　情報セキュリティ最高責任者は、当社（およびグループ会社）の情報資産に対する重大な侵害事案又は侵害のおそれが発生した場合は、可及的速やかに対策本部を設置し、当該事案に対処する。

2　情報セキュリティ最高責任者は、緊急を要する事案が発生した場合又は緊急を要する事案が発生することが想定される場合には、CSIRT に対し、当該事案に関する初動対応としての緊急措置を講ずる全権を委任することができる。

＞ 4　就業規則

　情報セキュリティに対する脅威は外部からの攻撃・犯罪に限らず、組織の内部者による犯行も考えられます。しかし、内部犯行などの不正行為を実施した従業員に対して重い懲戒処分（例えば懲戒解雇）を課したとしても、場合によっては「当該懲戒に係る労働者の行為の性質および態様その他の事情に照らして、客観的に合理的な理由を欠き、社会通念上相当であると認められない場合は……（中略）……当該懲戒は、無効」となる可能性があります（労働契約法 15 条）。そこで、懲戒処分の根拠を就業規則などに規定しておき、他の事例と比較して、適切な処分を実施する必要があります。

　また、インシデントを引き起こした従業員に対しては、悪質な内部犯行でなければ、原則として免責されるように就業規則や情報管理規程などに規定しておくことが望ましいでしょう。サイバー攻撃の高度化にともない、従業員が被害に遭う確率も上がっていますが、インシデントを引き起こしてしまった従業員に対して厳しい制裁が課されるのであれば、責任回避のため、被害を隠ぺいするおそれがあります。サイバー攻撃は組織を狙った攻撃でもあるため、従業員は運悪く標的になっただけであり、この従業員を非難できるかは場合によります。早期対応のためにも、被害に遭った従業員が報告しやすいように免責規定を設けておくことが望ましいといえるでしょう。

4-09 活動のためのリソースを確保する

CSIRT の活動を行うためにはメンバー（ヒト）や機器・設備（モノ）、そして活動費用（カネ）といったさまざまなリソースが必要です。必要な活動に適したリソースで無理なくCSIRT を構築・運用しましょう。

＞1 メンバー（ヒト）

まず必要なのは CSIRT を構成するメンバーです。CSIRT を専任の組織として構築できるのであれば、組織としての使命や活動内容などを決定し、新しい部門を設け、人を配置してしまえば人的リソースの確保としては終了となります。しかし、国内にある CSIRT の多くは既存の業務と兼務して構成される CSIRT です（75 ページ参照）。そのため、**誰が何をどこまで CSIRTの活動を行うのか、各部門と人材の選出や活動内容を調整する必要があります**。

また CSIRT の構築の主幹となるチームやメンバーの決定も、情報システムやセキュリティに関する部門での対応を安直に決定するのではなく、事業継続や組織の危機管理の視点も含め考えながら選定するようにしましょう。重要なことは経営者がリーダーシップを取って選定や CSIRT メンバーの構成を検討することです。CSIRT の構築や運用には経営者の支持や支援を欠かすことができません。

＞2 機器・設備（モノ）

次に CSIRT の管理のために必要な機器・設備の整備です。CSIRT は組織における重要な情報を取り扱い、組織内外の情報収集や蓄積などを行います。また問い合わせ窓口としての電話やメールの整備、発生したインシデントを

管理、蓄積するシステムなどの構築も必要です。

CSIRT の活動を行うにあたっての機器や情報取集や蓄積を行うデータベース、インシデントを管理、確認できるシステムなど、さまざまな環境整備が必要です。さらに、重要な情報を取り扱うという観点から、物理的なセキュリティを強化するために、入退室管理システムの強化などの環境の整備も考えられます。新たに機器購入が難しい場合はできる限り既存の機器を有効活用しましょう。例えば、インシデントを管理するシステムなども、対応履歴やインシデントを蓄積することが重要なので、構築が難しい場合は表計算ソフトなどを使用して管理しましょう。

〉 3 費用（カネ）

最後に CSIRT の活動のための費用です。上記の通り、人的、物理的な環境整備の費用も必要ですが、外部で活動を行うための費用も必要です。CSIRT で大切なことはメンバー（特に PoC）が信頼を組織内外で勝ち取り、より多くの情報に触れ、連携を行えるようにすることです。そのためには、外部のコミュニティやカンファレンスなどのイベントに参加して信頼関係を強化することは欠かすことができません。組織内だけではなく、外部で活動を行うための予算も確保しておきましょう。

既存の組織やシステムの延長上で CSIRT 活動を行っている組織では、コミュニティやイベントなどに参加し、費用を捻出することに抵抗感を示す組織も多くあります。しかし、CSIRT は政府機関でも構築され、40 ページで紹介した「サイバーセキュリティ経営ガイドライン」などにも記載がされているように、社会的に見ても必要な存在であると言えます。これは組織の社会的な責任を果たすためにも CSIRT が必要であり、CSIRT に相当する存在がない場合、組織に対する社会的信頼が低下する可能性もあります。そのため、**費用については PoC に任命された部門だけではなく、営業やマーケティング、CSR などさまざまな部門で費用を捻出し、CSIRT の活動を支援することが大切です**。

CSIRTとしての使命やサービス内容、活動範囲を決めてからCSIRTを構築せず、ガイドラインや業界動向などから、活動資源を確保してとりあえずCSIRTを作った組織は「名ばかりCSIRT」になってしまいがちです。そのような組織はCSIRTが衰退し、最悪の場合は消滅し、新たにCSIRTを構築することが難しくなってしまう可能性があります。

　必要な活動から必要なリソースを見出し、人的、物理的、財政的なリソースに無理がなくCSIRTを構築・運用するようにしましょう。

図4-06　活動のためのリソース

機器・設備（モノ）

CSIRTのメンバー（ヒト）

費用（カネ）

4-10　CSIRT設立後の活動

立ち上げた直後の CSIRT からよく出てくる話として、何をすればいいかという声があります。積極的に情報を発信することが重要です。具体的な施策例としては、ワークショップの開催などが有効な手段です。

＞1　立ち上げたら何をすればいいのか

　CSIRT は立ち上げればそれで終わりではありません。「CSIRT を作ったはいいけれど、そのあと何をすればいいのかわからない」と困惑するケースが多いようです。**このような足踏み状態から脱け出すには、CSIRT 自身が積極的にセキュリティ情報を集め、発信していくほかありません**。その際、「同じ組織の仲間を助ける」という視点が大切です。情報発信を通じ、セキュリティの向上に関心のある仲間を増やしていくことで、CSIRT に対する信頼も育っていきます。信頼を寄せてもらえば、CSIRT に情報が集まるようになるでしょう。

＞2　ワークショップを開催する

　では、信頼を寄せてもらうためにどのような活動をすればいいのでしょうか。**まずは、CSIRT が立ち上がった直後のタイミングで、ワークショップを開催するといいでしょう**。ワークショップでは、CSIRT の活動内容や、どんなセキュリティ情報を必要としているのかを説明します。一方で、参加者が抱えているセキュリティ上の疑問や課題にも耳を傾けましょう。

　ワークショップは定期的に開催すると効果的です。講師は CSIRT のスタッフのほか、セキュリティのコミュニティなど外部から招いてもいいでしょう。

図4-07　ワークショップを活用する

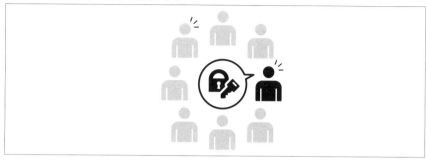

＞ 3　情報発信する

　セキュリティアドバイザリーやセキュリティトレンドの形で情報発信することも、CSIRTの活動の一つです。例えば、脆弱性、最近流行している攻撃、インシデントの事例など、公開されているセキュリティ情報を収集して自組織への影響を分析し、結果を公表します。JPCERT/CCが発出する注意喚起を転送するというのも、情報発信の手段の一つです。情報セキュリティと結び付きの深い部署と顔を合わせて情報交換したり、CSIRTの現状を認知してもらうべく経営層に情報発信することも大切です。

　大きなインシデントはそう頻繁に起きるものではありません。小さなインシデントを検知し対処していくことが重要です。また、インシデントだけでなく、セキュリティ上の問題が潜んでいないかにも、目を配りましょう。

図4-08　情報発信する

> Column　不正行為をした従業員に対する懲戒処分

　内部犯行などの不正行為をした従業員を懲戒処分するためには、①懲戒処分の根拠規定が必要であり、常時10人以上の従業員等を使用する企業は、懲戒の理由、種類及び程度が就業規則に規定されている必要があります（労働基準法89条9号）。また、②従業員の不正行為が、就業規則の懲戒の種類に応じて定められた懲戒事由に該当し、客観的に合理的な理由があると認められる必要があります（懲戒事由の該当性）。最後に、③不正行為を働いた従業員に対する懲戒処分が、不正行為の性質、態様、程度等の事情に照らして社会通念上相当な内容でなければなりません（懲戒処分の相当性）。

　①については、以下のような就業規則が根拠規定になると考えられます[9]。

> 「会社内において刑法その他刑罰法規の各規定に違反する行為を行い、その犯罪事実が明らかとなったとき（当該行為が軽微な違反である場合を除く）」
> 「私生活上の非違行為や会社に対する正当な理由のない誹謗中傷等であって、会社の名誉信用を損ない、業務に重大な悪影響を及ぼす行為をしたとき」
> 「正当な理由なく会社の営業秘密を外部に漏洩して会社に損害を与え、又は業務の正常な運営を阻害したとき」

　②については、広範・不明確な懲戒事由が規定されている場合は、合理的な限定解釈が行われることが多く、今回の不正行為が、この限定解釈された懲戒事由に含まれないと解されることもあり得ます。

　③については、同じ規定に同じ程度に違反した場合は、同じ懲戒の程度であるべきとする公平性の観点や懲戒に対する手続的な問題も生じるので注意が必要です。

---

* 9　http://www.mhlw.go.jp/stf/seisakunitsuite/bunya/koyou_roudou/roudoukijun/zigyonushi/model/index.html

第 **5** 章

CSIRTを
運用する

5-01 CSIRTをよりよく運用するには

CSIRT を名ばかりの存在にしないために重要になるのは、実際の業務をどのように運用していくかです。経営層や他部署とのネゴシエーション、チームマネジメントなど、CSIRT の運用に必要な要素を確認しましょう。

＞1 「名ばかりCSIRT」にならないために

CSIRT を立ち上げるまでもいろいろと大変ですが、最近は NCA の CSIRT スターターキットなど、参考となるマテリアル類もそろってきました。そこで、さらに重要になるのは、実際の CSIRT 業務をどのように運用していくかということでしょう。

CSIRT を組織したのはよいが、「仏作って魂入れず」では実際に機能せず、「名ばかり CSIRT」「なんちゃって CSIRT」などと言われかねません。こうした「名ばかり CSIRT」「なんちゃって CSIRT」で終わらせない運用の努力が必要なのです。

では、CSIRT をよりよく運用していくためには何が必要なのでしょうか？

＞2 ネゴシエーション

他の章や節でも説明しているように、組織としてサイバーセキュリティ対応能力を高めていくには、経営層の理解や他部署の協力は欠かせません。時には、CSIRT としていわゆる「ネゴシエーション（駆け引き）」が必要になってくることもあるでしょう。こうしたネゴシエーションの考え方としては、「自分の利益」と「相手の利益」の双方を認識することが重要です。サイバーセキュリティが重要なのは当然ですが、それが駆け引きする相手にとってどのようなメリットがあるのかを説得していくことが重要なのです。

> 3 チームのマネジメント

また、複数のメンバーでチームを編成するとしたら、リーダーとしてチームのマネジメントも考えなければなりません。実は、こうした手順はプロジェクトチームやタスクフォースなどの一般的なチーム運営に求められることと大きな違いはありません。具体的には、チームの目標設定やメンバーへの仕事の付与・任命、モチベーションアップの向上を検討する必要があるでしょう。**特に、立ち上げから間もないチームではコンフリクト（対立や葛藤）が起こることもありますが、これを乗り越えていくことによって、チームがよりよく機能していくようになります。**このことはブルース・タックマンという心理学者の研究でも知られています。コンフリクトの発生を恐れず、チームメンバーが互いに「腹を割って」議論していくことが先々のよりよいチーム運営につながります。

図5-01　タックマンの研究によるチームの形成過程

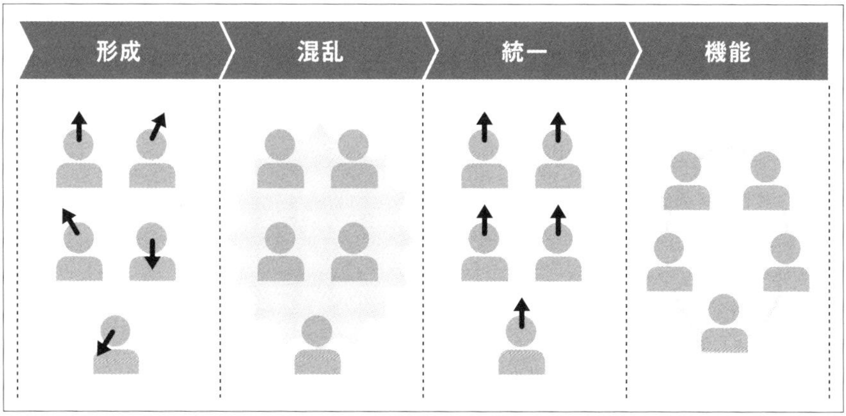

> 4 業務からの学習

CSIRT の中核業務は、文字通りインシデント対応です。日常の活動にお

いては、米軍で使われている OODA（ウーダ）モデルや高信頼性組織（30ページ参照）の考え方も参考になるでしょう。**日々のインシデント対応業務から学習し**、サイバーセキュリティ上の脅威に事前に対応できるレディネスや、万が一不測の事態が発生したときにも速やかに回復できるレジリエンスの能力を向上させることが必要です。

　また、大規模な組織では、ジョブローテーションなどでメンバーが入れ替わることも充分想定されます。そうした「新参者」のメンバーでも充分な業務が可能となるように、チームとしてのナレッジ（経験と知識）を蓄積し、伝承していくことも、CSIRT を継続的によりよく運用していくための必須事項でしょう。

＞ 5　情報連携を進める

　CSIRT として学習を続けていくには、自社内だけでは限界があります。また、ある CSIRT ではすでに対応済みの案件が、他の CSIRT では未知・未経験という場合もあるでしょう。**そこで重要なのが、他組織との情報連携です**。現在は NCA をはじめ、さまざまな情報連携組織が構築されています。さらに学習を深めていくためには、こうした情報連携組織に積極的に参加していくことも求められます。その際、単に他組織から情報を得ることだけを目的とした受動的な姿勢は望ましくありません。自社の困っていること、経験したことなどの情報を提供していくことによって、相互の信頼関係を築いていくことが重要です。

5-02 インシデント対応の手順

インシデントは想定外の出来事ばかりですが、基本的な対応手順は大きく違うわけではありません。情報源からトリアージ、対応計画、幕引きに至るまで、前もって手順書を作成し対応手順を理解しておきましょう。

＞1　インシデント対応手順の必要性

世の中の変化や攻撃のトレンドなどさまざまな要因により、インシデントは姿を変えていきます。今日どんなインシデントが起こるのかは誰にも予想できません。まさに想定外の出来事ばかりです。

そんな状況なのに、あらかじめ対応のための手順を決めておくことは無駄だと思われるかもしれません。しかし、**個々のインシデントに対応する詳細な手順は無理だとしても、インシデント全体を眺めたとき、基本的な手順は大きく違うわけではありません**。もちろん、すべてのインシデントが手順通りに対処できるわけではありませんが、それでもなお、前もって手順書を作成し理解しておけば、いざというときも落ち着いて対処できます。

＞2　インシデントの情報源と伝達手段

図5-02はJPCERT/CCによる「CSIRTマテリアル」を元に作成したものです。大雑把ではありますが、インシデント対応の基本的な手順を示しています。**インシデントに関する情報は、さまざまなチャンネルを通してCSIRTに入ってきますが、情報源や情報の伝達手段を把握しておくことが重要です**。もたらされた情報について、その正確性を検討する材料の一つになるからです。次のリストは代表的なインシデント情報源の一覧です。

・善意の第三者（セキュリティのコミュニティにいる知り合い、外部の有識者）
・セキュリティ関連機関（JPCERT/CC、IPA など）
・CSIRT 自身による発見（IDS・IPS、SOC[1] からの連絡）

　インシデント情報が伝達される主な手段にはメール、電話、FAX、文書があります。最近では Slack や Teams などのコミュニケーションツールも使われています。

図5-02　インシデント対応の基本的な手順

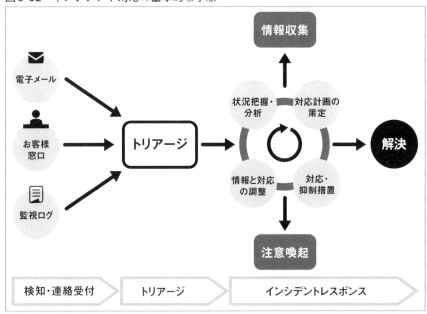

＊1　**SOC**：Security Operation Center の略。サイバー攻撃の検出や分析を行う専門組織。

140

〉3 トリアージの実施

インシデントに関する情報を受け取ったら、まずトリアージを実施します。30ページでも少し触れましたが、「トリアージ」(triage。フランス語）とは緊急医療で使われる言葉で、治療の優先順位を決めることを指します。大規模な事故や災害が起きて大勢のケガ人が出ても、一度に全員を救命、あるいは治療することはほぼ不可能です。そこで、トリアージを行い、症状の程度によって優先順位を決め治療にあたります。トリアージを実施した患者には、下記のように色分けしたタグをつけます（1996年厚生省〔当時〕による通知「トリアージ・タッグの標準化について」を参考に作成）。

黒：死亡、治療不能
赤：最優先で治療
黄：緊急性は低いが要注意
緑：簡単な処置

CSIRTのインシデント対応でもトリアージの手法を利用します。ただ、インシデントが一度に大量発生することはめったにありません。**インシデント対応におけるトリアージの目的は、主に初期の緊急度や重大度を評価し、インシデントに対応する者のアサインを実施することです**。トリアージの結果によっては、緊急に関係部署や経営幹部との会議を呼びかけたり、エスカレーションを行ったりする必要が生じます。

インシデントの緊急度・重要度の評価以外の効果もトリアージには期待できます。インシデントの評価フェーズを手順に入れることで、見過ごしがちな小さなインシデントを逃しにくくなることも効果の一つです。また、何かと慌てがちなインシデント対応において、一呼吸入れて起き落ち着く間をとる効果も期待できます。

第5章　CSIRTを運用する

〉4　インシデントへの対応計画と幕引き

トリアージによって対応が必要と判断されたインシデントは、詳細に分析します。その結果を踏まえて対応計画を作成し、インシデントの解決に向けた行動が始まります。**対応計画とは「担当」「期限」「実施内容」を含む必要があります**。また、その時点でできる行動の一覧であるべきです。フォーマットやメディアはなんであっても構いません。

インシデント対応段階には組織内だけではなく、場合によっては外部との調整を行うこともあります。組織はインシデントを解決するまで、「分析→計画→行動→調整、そして再び分析に戻る」のループを繰り返します。その間も CSIRT は情報収集を続ける一方、関係者に対し、対応中のインシデントへの注意を呼びかけます。

やがてインシデントが収束し、事案のクローズ（幕引き）を迎えることになりますが、一つ一つのインシデントを着実にクローズすることは非常に重要です。インシデントが収束したのかどうか曖昧でクローズに迷うときは、次の基準などで適否を判断しましょう。

・関係各所への報告も終了し、被害も拡大などはしていない
・重大ではない案件で関係者へ連絡したがその返事がない
・対応すべきことが見つからない

例えば、上記の状態で 1 ヶ月が経過したかなどを判断基準とするといいでしょう。

〉5　インシデント対応の手順書における注意点

CSIRT の立ち上げ時（102 ページ参照）と同様に、インシデントの対応

の手順は「文書ありきではない」という点は気をつけるべきです。しかし、手順書の更新はそう簡単にはいかないのも現実です。

　事例を一つ挙げます。あるCSIRTでは、インシデントをLow（低）、Medium（中）、High（高）の3段階に分け、最も重大なHighのインシデントは経営層への報告義務があると定めて、手順書に記述しました。ある日、Highに分類されていたインシデントが発生したのですが、手順書の更新が行われずにいたため、CSIRTが確認した時点では、そのインシデントはすでにMediumが相応の事案になっていました。しかも、報告の手間も省けることから、Mediumとして処理しました。定期的にインシデントのレベルを見直し、手順書を更新しておくべきだった、ではあとの祭りです。しかし、手順書の更新には経営層の承認が必要であったため、手続きのわずらわしさから先延ばしになっていました。残念ながら、同じようなケースが複数のCSIRTで起きています。

　手順書は何をすべきかわかりやすくあるべきで、このようなことは避けなければなりません。そのため、実際に実施したことや間違いをもとに、あるべきインシデント対応の姿を想定して更新します。もちろん、インシデント対応中に更新する必要はありません。インシデント対応が終了したら仮題を挙げ手順書を更新していく枠組みを最初から作っておきましょう。

第5章　CSIRTを運用する

インシデントに優先順位をつける

数件程度ならインシデントが同時に発生・進行することはよくあります。状況に応じて優先順位を決定しましょう。優先順位は「High」「Medium」「Low」」の三つに分けることが多いです。

> 1 インシデントの三つのレベル

　多くのCSIRTではインシデントに優先順位を付けて対応しています。インシデントが同時に大量発生することはめったにありませんが、数件程度なら同時に発生・進行することはよくあります。141ページで解説したように、まずはトリアージによって優先順位が決定されますが、優先順位は状況の変化に応じて変わる可能性があります。

　多くのCSIRTでは、優先順位を「High（高）」「Medium（中）」「Low（低）」の三つのレベルに分けてインシデントを処理しています。また、最上位レベルに「Emergency（緊急）」を設け、会社の経営にも危機的な影響を与えかねない事件・事故としてマネジメントする組織もあります。例えば、お客様に提供しているクレジットカード情報を含む大量の個人情報や経営上の重大な機密情報の漏えいなどが、このレベルに該当します。

> 2 優先順位の付け方

　インシデントの優先順位は表のマトリックスで考えて付けるといいでしょう。例えば、重大か否かに関わらず緊急であるものがHigh、緊急ではないが重大であるものがMedium、緊急でも重大でもないものがLowと考えることができます。

表8 優先順位の考え方

小さなインシデント　　　大きなインシデント

		重大度		
		低	中	高
緊急度	低	Low	Low	Medium
	中	Low/Medium	Medium	Medium/High
	高	Medium/High	High	High

　具体的にどのようなインシデントがどのレベルに相当するかも挙げてみます。ただし、定義も含めインシデントの解釈はCSIRTごとに異なります。以下はあくまで一例として考えてください。

High

- ・お客様に提供しているサービスの停止、遅延
- ・機密情報漏洩
- ・大量の個人情報漏洩[2]
- ・攻撃予告
- ・組織の存続や多大な金銭などの影響を与え得る事故
- ・評判を著しく下げるような事象

Medium

- ・サーバの停止
- ・マルウェア感染（何らかの被害あり）
- ・脆弱性

Low

- ・CSIRTに対するセキュリティ関係の質問
- ・自動検知・自動削除されたマルウェア

＊2　日本人の傾向として、セキュリティといえば個人情報の漏洩に考えが及びがちです。そのため、あえて「大量の」と記述しています。

・自分の組織ではまだ発生していないが、ターゲットにされ得る攻撃の流
　行

　なお、**優先順位は時間とともに変化する可能性があることに注意する必要
があります**。Low と見なされていたインシデントが、High に変わることが
あります。もちろん、その逆もあり得えます。こうした状況の変化に柔軟に
対応するためには、インシデント管理システムの導入が有用です。インシデ
ント管理システムを利用する際は、可能な限り、インシデントレベルの変化
の履歴も記録しましょう。

❯ 3　インシデントの優先順位と対応方法

　インシデントのレベルと種類を整理する際には、関係部署との連携体制も
整理しておくべきです。インシデントのレベルによっては、CSIRT 単体で
対応すべきではない場合もあります。そうした場合、経営層を含め枠を超え
た対応が必要になります。

　インシデントで最も的確に処理すべきレベルは、実は High よりも
Medium と Low であることがあります。これらのレベルのインシデントを
きちんと処理できるかどうかによって、CSIRT の価値が問われると言って
も過言ではありません。

　High は組織に与える影響が大きいため、やらざるを得ません。しかし、
Medium と Low のインシデントは、急いで対応するものではないため後回
しにされます。しかし、そういった小さな問題を残しておくと、その蓄積が
大きな問題を引き起こすこともあります。小さな問題のうちの方が、かける
労力も少なく済むため、Medium と Low こそ注意深く処理しなければなり
ません。Medium や Low のインシデントはどうしても後回しになりがちで
すので、Emergency（超緊急）と High（緊急）の 2 種類にするという方法
もあります。

インシデント対応の計画をする

インシデントが発生したら、重要度に関わらず対応の道筋を立てます。計画をスムーズに立案するためには、判明していない点にはこだわらないようにしましょう。また、計画を省略されがちな小さいインシデントこそ計画を立てるべきでしょう。

〉1　対応の道筋を計画する

　「インシデントとは早急に対策をとるべきものだし、そのための手順書もあるのだから、いちいち計画を立てる必要なんてないのでは？」と思われるかもしれません。しかし、**インシデントが起きたときは、重要度に関わらず対応計画を立てるべきです**。ただ、便宜上「計画」という言葉を使っていますが、大それたものではありません。「対応の道筋」と考えてください（なお、感染した端末をネットワークから抜線したり停止したりするなど大至急行わなくてはならないことは、この節では扱いません）。計画を立てる際のポイントは次のとおりです。

- ・どのようなインシデントなのか、可能な範囲で把握する
- ・判明している点と不明な点を明らかにする
- ・何が起きているのかなど、考えられる可能性を洗い出す
- ・取り得る対策や実行すべきことを挙げる
- ・5W2H をもとに役割分担を決める

　ただし、対応の道筋が見えないインシデントも発生するでしょう。そのときは今できること・しなければいけないことを挙げて、実施してきましょう。また、インシデントの規模の大小に関わらず、計画を立てるときはそのための議論だけに集中しましょう。対策を実行するのは計画が整ったあとです。

> 2 インシデントの規模と対応計画

インシデントの規模はさまざまです。そして、大きなインシデントと小さなインシデントはそれぞれ違った"落とし穴"を持っています。

大きなインシデントの場合、事の重大さに直面すると気持ちばかり急いでしまうものですが、落ち着いて対応するためにも計画はしっかり立てましょう。**このとき気を付けるべき点は、計画に時間をかけすぎないことです。**

大きなインシデントであれば、複数のスタッフで計画を立てることになります。その場合、インシデントにまつわる疑問でつまずいて議論がループしてしまい、肝心の計画の話に入ることができないまま、長時間にわたって話し合いが続くことがよくあります。しかし、早急にインシデント対応に取りかかるために、話し合いの長期化は避けなくてはなりません。計画の立案をスムーズに終わらせるためには、インシデントの原因や判明していない事柄にはこだわらないよう心がけましょう。そして、あらかじめ終了時間を決めておき、それまでに立案を終わらせることが大切です。

複数のスタッフで対応計画を立てるときは、ホワイトボードに書きながら話し合うことをお勧めします。ホワイトボードや模造紙にマインドマップ[3]を描いて計画を立てている CSIRT もあります。そして、計画時に利用したホワイトボードはそのまま写真に撮るなどして記録として残しておきましょう。後々、同じような案件が発生したときに活用できます。

一方、**小さなインシデントで恐いのは、そもそもまともに計画が立てられないことです。**小さなインシデントはよくあることだと考えられて、対応計画が省略されがちです。しかし、計画を立てていくうちにインシデントの重大さが表面化することもあります。規模が小さいからといって計画立案を怠らないようにしましょう。小さなインシデントへの対応は、大きなインシデントへの対応の縮小版ともいえます。インシデント対応に慣れないうちは、経験を積むためにも小さなインシデントこそ対応計画を立てましょう。

＊3　**マインドマップ**：脳内に近い表現で思考を記し、整理する方法。

5-05 インシデントの芽をとらえる

今の時代、世界のどこかで発生したインシデントのレポートや注意喚起は難なく読むことができます。この節で紹介する情報源などを参照しながら、自分たちの組織で同様のインシデントが起きないように芽を摘みましょう。

❯ 1　情報収集の重要性

　システムに潜んでいるかもしれないインシデントの芽を探して、早めに摘み取るのも CSIRT の仕事です。**セキュリティ上の穴（脆弱性）に関する情報が入ってきたとき、あるいは、他の組織でインシデントが起きたと知ったとき、自分たちのシステムは安全かどうか再点検することも大切です。**

　例えば、2017 年 5 月に起きたランサムウェア「WannaCry」による事件では、世界中の多数のコンピュータに感染が拡大し、システムやサービスの停止に追い込まれた組織が続出しました。その一方で、事件の少し前にセキュリティパッチが公開されていました。その存在を知ってインストールしていれば、より多くのコンピュータが被害を免れたかもしれません。

　また、世界のどこかでインシデントが起きると、レポートや注意喚起の形で公開され、インターネットを介して遠く離れた場所でも難なく読める時代です。自分たちの組織で同様のインシデントが起きる前に情報を入手し、警戒することは可能です。

❯ 2　主な情報源

　情報収集のための最も有効な手段は、セキュリティ情報を公開しているサイトを定期的にチェックすることです。代表的な Web サイトをリストアップしたので参考にしてください（**表 9**、**表 10** 参照）。

表 9 代表的なセキュリティ情報サイト（海外）

CSIRT による情報	
「TEAM CYMRU」Twitter アカウント	アメリカの CSIRT の Team CYMRU の Twitter https://twitter.com/teamcymru
Dragon_Newsbytes Info Page	アメリカの CSIRT の Team CYMRU が提供するニュース https://lists.cymru.com/mailman/listinfo/dragon_newsbytes
CERT/CC Blog	世界で初めての CSIRT「CERT/CC」のサイト https://insights.sei.cmu.edu/cert/
ICS-CERT Landing	アメリカの制御系 CSIRT のサイト https://ics-cert.us-cert.gov/
セキュリティ企業・ベンダー企業による情報	
TrendLabs Security Intelligence Blog	セキュリティベンダーのトレンドマイクロ社が提供するブログ https://blog.trendmicro.com/trendlabs-security-intelligence/
F-Secure Labs	セキュリティベンダーの F-Secure 社が提供するブログ https://labsblog.f-secure.com/
Naked Security（SOPHOS）	セキュリティベンダーの SOPHOS 社が提供するニュースサイト https://nakedsecurity.sophos.com/
Unit 42（Palo Alto Networks）	セキュリティベンダーの Palo Alto Networks 社が提供するニュースサイト https://researchcenter.paloaltonetworks.com/unit42/
Securelist（Kaspersky）	セキュリティベンダーの Kaspersky社が提供するニュースサイト https://securelist.com/
Threat Research Archives - Cisco Blogs	ネットワーク機器ベンダーの CISCO 社　によるセキュリティ情報提供サイト https://blogs.cisco.com/talos
ニュースサイト・報道機関による情報	
Threatpost	主に脅威情報を中心としたニュースサイト https://threatpost.com/
The Hacker News	セキュリティを中心としたニュースサイト https://thehackernews.com/

Krebs on Security	米国記者である Brian Krebs 氏のニュースサイト https://krebsonsecurity.com/
Security News and Views for the World • The Register	IT 関係のニュースサイト・The Register の セキュリティニュース https://www.theregister.co.uk/security/
CNET	CNET のニュースサイト https://www.cnet.com/news/
Techworld	Techworld.com のニュースサイト https://www.techworld.com/news/
Network World	Networld のニュースサイト https://www.networkworld.com/
Security | ZDNet	ZDNet のニュースサイトでのセキュリティ関連記事 https://www.zdnet.com/topic/security/
Softpedia	Softpedia のニュースサイト https://news.softpedia.com/
Technology - BBC News	イギリスの報道機関 BBC の IT 関係のニュース https://www.bbc.com/news/technology
Tech News - CNN	アメリカの報道機関 CNN の IT 関係のニュース https://money.cnn.com/technology/
Technology News | Reuters.com	イギリスの通信社・Reuters の IT 関連ニュース https://www.reuters.com/news/technology
Al Jazeera	アラブ系の報道機関のニュースサイト https://www.aljazeera.com/
The Diplomat	The Diplomat のニュースサイト https://thediplomat.com/
公的機関による情報	
SANS	アメリカの SANS が提供するブログ・ニュース https://isc.sans.org/ https://isc.sans.edu/newssummary.html
ENISA	EU のセキュリティ機関のサイト https://www.enisa.europa.eu/
DHS	米国国土安全保障省のサイト https://www.dhs.gov/news-releases/press-releases
NIST	米国標準技術研究所のサイト https://www.nist.gov/

表 10　代表的なセキュリティ情報サイト（国内）

JPCERT/CC Eyes	JPCERT/CC が提供するブログ https://blogs.jpcert.or.jp/ja/
Japan Vulnerability Notes	IPA が提供する脆弱性に関する情報サイト https://jvn.jp/
サイバーセキュリティ .com	シーズ・クリエイト社が提供するサイバーセキュリティ関連情報サイト https://cybersecurity-jp.com/
ScanNetSecurity	ScanNetSecurity のニュースサイト https://scan.netsecurity.ne.jp/
セキュリティホール memo	龍谷大学・小島肇氏が運用するセキュリティサイト http://www.st.ryukoku.ac.jp/~kjm/security/memo/
Piyolog	セキュリティリサーチャー・Piyolog 氏が運用するセキュリティまとめサイト https://piyolog.hatenadiary.jp/

　この他、Google アラートにセキュリティに関するキーワードを設定するといった方法もあります。有料ですが、セキュリティ関連各社が提供する情報配信サービスを活用するのも一つの方法です。

〉3　パッチマネジメントの体制

　脆弱性が発見されたときに速やかにパッチが当てられるように、パッチマネジメントの体制も作っておくべきです。具体的には、自分たちの情報資産を把握するとともに、それらに関連する製品やプロトコル・OS などの脆弱性情報を収集し、インシデント対応と同様に優先順位などを決めて対応します。情報資産の運用にかかわるチームなどとともに、事前にパッチの実施体制なども含めて決めておくことも重要です。

5-06 目標設定と評価を行う

いざというとき動けるようになるには、平時における活動の見直しや KPI の設定が重要になります。CSIRT の成熟度を測るモデルとして世界的に活用されつつある SIM3 で評価することもよいでしょう。

❯ 1 見直しと次期の目標設定を行う

　準備をしないとインシデントが起きたときに何かしようとしても、そうそう動けるものではありません。平時の地道な活動が、インシデント対応の駆動力となるものです。そこで、CSIRT 活動の見直しが重要になります。<u>セキュリティの視点から世界の状況や組織を観察して、現在、自分たちのCSIRT にとってどのようなことが課題であり、何を行うべきか、節目ごとに見直しを行いましょう</u>。

　見直す節目は各 CSIRT の事情に合わせて、年、四半期、月といった単位で設定するといいでしょう。課題として挙げておいたリストを元に、それぞれ目標を設定して、期間の終わりには必ず見直しを行い、できなかったことは次期の目標に加えます。そうすることで、インシデントの対応力のレベルアップにもつながっていきます。

　年間目標は、CSIRT 定義書や CSIRT フレームワークに基づいて前年の見直しを行い、そこから得られた反省点を元に設定するといいでしょう。その際に重要なのは、<u>何のために、そして、誰のために CSIRT は活動しているのか、という視点で見直すことです</u>。ある CSIRT では、年明けの早い時期にスタッフ全員で前年の活動の見直しを行い、年間の目標を立てています。

　四半期や月では、進行中の案件や、期間内に終了した案件などの見直しを実施します。また、年間目標などの振り返り、次に実施すべきことなどを挙げていきます。

　もう少し細かな単位ですが、案件単位で見直す必要もあります。インシデ

ントによっては対応に時間がかかるかもしれません。また、インシデントは
いったん収束すると、見直しが行われることはほとんどありませんが、見直
しをすることで反省点が明らかになり、インシデントへの理解も進みます。

＞ 2　KPI を設定し評価する

KPI（重要業績評価指標）を設定し評価することも重要です。KPI は下記
の項目などに対して設定し、月や四半期単位で見直すとよいでしょう。

> ・インシデント対応数（重大度や分類単位で）
> ・受領案件数（インシデントに関わらず、技術的な質問なども含め分
> 　類して）
> ・メール送受信数
> ・対応時間（案件の開始からクローズまでにかかった日数など）
> ・コミュニティへの会合への参加数
> ・教育プログラムへの参加数
> ・情報配信数（重大度なども含めて）

　ただし、KPI は義務で実施するようなものになってはいけません。あくま
で CSIRT の適切化や効率化のために設定すべきです。

＞ 3　CSIRT の成熟度を知る

CSIRT の成熟度を測る「SIM3」

CSIRT の成熟度を測るモデルとして、SIM3（Security Incident

＊4　https://opencsirt.org/

Management Maturity Model）と呼ばれるものがあります。SIM3 は
ヨーロッパで開発され、現在は Open CSIRT Foundation（OCF）という
ヨーロッパを中心とした非営利団体が管理運営をしています[4]。現在では
ヨーロッパに限らない世界的な基準になりつつあり、日本においても活用の
検討が進んでいます。

　このモデルは、CSIRT を組織的な側面で評価するために非常にわかりや
すい内容になっています。評価は 4 領域・44 項目に対してなされ、Level 0
～ Level 4 の 5 段階に分類されます。評価の結果はレーダーチャートの形で
可視化することもできます。この評価により CSIRT の強みや弱みを把握し
て、良い点を伸ばし、弱みを改善もしくは代替手段などを検討することで成
熟度を上げていきます。

図5-03　SIM3 レーダーチャートの例

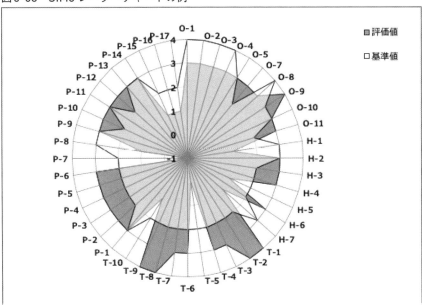

　一方、SIM3 はシンプルで使いやすい評価モデルではあるものの、ある程

＊ 5　SIM3 監査人一覧は下記 URL 参照。
https://opencsirt.org/csirt-maturity/auditors/

第5章　CSIRTを運用する

度 CSIRT の経験がない人でないと適用が困難なことがあります。監査人の資格を取得している日本人も多数いますので[5]、そちらに相談をするというのも一つの手段です。

▶ 4　SIM3 における評価の領域とレベル

　SIM3 での評価に用いられる 4 領域は「組織」「人材」「ツール」「プロセス」からなります。詳細な項目まで解説するには紙幅が足りないので、各領域の概要だけでも見てみましょう[4]。

組織（O）

　「組織」（O）領域は全体的な組織的側面を評価する 10 の項目から構成されます。例えば「O-1」は"信任"に関する項目で、組織のどのレベルから信任を受けて活動しているかを評価します。トップレベルから信任を得ていれば理想的ですが、CSIRT の上位以上の信認があれば評価においては問題ありません。他の項目としては、コンスティチュエンシー（O-2）、権限（O-3）、責任（O-4）、サービス定義（O-5）などがあり、CSIRT を運営するうえで重要な項目が含まれています。

人材（H）

　「人材」（H）は人的な側面を評価する七つの項目から構成されます。例えば、行動指針（H-1）、スキルセット定義（H-3）、外部技術トレーニング（H-5）などがあります。人材は CSIRT の基本であり、これらも重要な項目といえます。

ツール（T）

　「ツール」（T）はチケットシステムやメールシステム、電話など使用するツールの側面から CSIRT を評価します。評価の対象となるツールには、IT資産リスト（T-1）、情報源リスト（T-2）など、必ずしも物理システムでないものも含まれます。

プロセス（P）

　「プロセス」（P）は手順や運用の側面を評価する領域です。上位へのエスカレーション（P-1）、広報・法務へのエスカレーション（P-2,P-3）、監査プロセス（P-8）、啓発活動プロセス（P-13）などが含まれます。

　一方、各領域に対する評価レベルは次のようになっています。

Level 0：有効でない。何も定義していない。不明である。

Level 1：暗黙的に実施している。実施はしているがどこにも定義されていない。

Level 2：実施して定義・記載されているが、特に上長により承認を受けていない。

Level 3：Level 2 の状態にあり、かつ上長より承認を受けている（全社的なセキュリティポリシーに記載があるなど）。

Level 4：Level 3 の状態にあり、かつ CSIRT を管理するガバナンスレベルによる定期的かつ明示的に評価がなされている（監査など）。

　このように、5段階で評価がなされます。なお、すべての項目で Level 4 の評価を取らないといけないわけではありません。その組織の実情に合わせて十分なレベルに達しているか検討することが重要です。

第5章　CSIRTを運用する

組織全体での人材教育を計画する

進化する攻撃手法、サイバー犯罪組織の高度化など、CSIRT が完成することはありません。異動を伴う組織が多い日本で CSIRT 人材を育成するためには、情報収集を含めた全体の教育計画、および各担当者の教育計画が重要となります。

〉1　人材育成のために組織に求められること

　日本において人事異動はつきもので、およそ 3 ～ 5 年で半分の人が異動しているといった統計もあります。このような短期間での異動は専門性の高い人材を育成する大きな阻害要因となります。極端な言い方で例えると、消防士の人が明日から弁護士になることや、数学の先生が明日から音楽の先生になることは難しいでしょう。

　CSIRT は事業継続そのものに関係するため、組織全体で CSIRT 人材の計画を検討する必要があります。これは CSIRT 人材に限った話ではありませんが、理想を言えば、ある専門領域について人材育成の場を許容できない場合には、その専門領域は自組織でまかなうべきではありません。例えば、SOC を自組織で構築し、運営したいという思いがあったとしても、そのための人材育成や計画が設けられないような組織であれば、セキュリティオペレーションは外部委託してしまった方が、組織にとっても採用される人材にとっても幸せでしょう。企業の人事戦略において、専門性の高い人材を内部で育成するか外部から調達するかは重要な課題となっています。自社の戦略や事業をしっかりと確認したうえで、必要であれば、人事・人材育成部門に働きかけていきましょう。

　このように、CSIRT 人材の育成については、根本的には専門性を許容する人事システムの見直しが必要ともいえますが、歴史ある組織がすぐに変化することは難しいことでしょう。そのような組織においては、早期にCSIRT 人材の候補者を組織内で発掘し、細く長く組織全体のセキュリティ

向上と言う観点を含めて育成していくしかありません。

❯ 2 潜在的な CSIRT 人材

例えば、下記のような特徴を持つ人が、潜在的な CSIRT 人材と言えるでしょう。

- コミュニケーション能力が高い
- 組織内ステークホルダーを把握し、連携している
- サイバーセキュリティに興味・関心がある
- リスク管理に興味がある、関連部門に所属している
- 組織を俯瞰して見られる　など

CSIRT が仮想組織であることを活用して、例えば異動後も組織のセキュリティ担当との役割を付与すれば、継続して CSIRT に関与することができるでしょう。

なお、CSIRT のメンバーの育成では、まずミッションを把握したうえで、求められる人材と能力を定義します。その後、現状のメンバーの能力を把握し、ギャップを埋め、教育成果を測定するというアプローチをとりましょう（CSIRT メンバーの人材育成については 164 ページで改めて解説します）。もちろん、異動してきた人や新人のフォローも欠かせません（196 ページ参照）。

5-08 CSIRTに必要な文書を整備する

CSIRTに必要な文書は何かというのはよくある疑問です。必須となる「CSIRT定義書」のほか、インシデント対応の手順や運用に関する情報をまとめた文書などが推奨されます。チケッティングシステムなども合わせて整備するといいでしょう。

〉1 基本となる文書

CSIRT定義書（CSIRT Framework）〔必須〕

CSIRTのミッション、目的、サービス対象者、提供サービスを記載するものです。記載内容は下記のRFC2350が参考になります[6]。

CSIRT紹介Webページ〔オプション〕

CSIRTの紹介ページ。CSIRT定義書を元に作成します。加えて、コンタクト情報、活動内容なども記載しましょう。

CSIRTメンバー行動指針（Code of Conduct）〔推奨〕

CSIRTのメンバーの行動指針です。冊子にして持ち運べるようにするのがよいでしょう。

〉2 インシデント対応に関する文書

インシデントおよび脆弱性対応全体手順書・フロー図〔必須〕

CSIRTのインシデントおよび脆弱性対応の全体の手順書。加えて役割も含めたフロー図があることが望ましいです。

---

* 6　日本語版はhttps://www.ipa.go.jp/security/rfc/RFC2350JA.html。英語版はhttps://tools.ietf.org/html/rfc2350

インシデントおよび脆弱性対応個別手順書・フロー図〔推奨〕

　個別の事象に対する個々の対応手順書です。DOS、フィッシング、サーバ侵入、ウイルス感染など、対応するインシデント、脆弱性ごとに作成します。加えてフロー図があることが望ましいです。

脅威情報分析報告書・全体フロー図〔推奨〕

　流行している事象や起こり得る可能性のある事象、世間の動向などの情報収集・分析・報告（共有）の手順書を作成します。加えてフロー図があることが望ましいです。

❯ 3　CSIRT の運用に関する文書

チーム全体図〔推奨〕

　サブチームなども含めた役割（機能単位）と情報の流れを記載します。

ルーチンワーク手順書〔推奨〕

　CSIRT に関わるシステムの運用手順書、ルーチンで行うような情報収集などの手順書を、それぞれの機能・ルーチンワークごとに作成します。

役割分担表〔推奨〕

　チームメンバーの役割（トリアージ、ハンドラー、分析など）とローテーション（交代方法）を定義した表を作成します。

運用定義書〔推奨〕

　日単位および週単位での CSIRT 運用などを記載します。具体的には業務開始時刻、終了時刻、休み時間を記載します。

第5章　CSIRTを運用する

CSIRT イベント〔オプション〕

CSIRT の定期的なイベント、メンバーの出張などをカレンダーで管理します。

歴史イベント〔オプション〕

7月3日（アメリカの独立記念日）や9月18日（満州事変）など歴史的な出来事があった日には、それに乗じた攻撃などが発生することがあります。そのため、日本に関わるイベントのみならず、有名な記念日などをカレンダーに記載するとよいでしょう。

＞ 4　文書をサポートするシステム

また、上記のような手順書・文書をサポートするシステムとして下記を用意します。

チケッティングシステム〔必須〕

案件を管理するためのシステムです。インシデントのみならず、技術的な質問への対応など CSIRT が対応するものは一元で管理するのが理想です。また、案件ごとに下記の情報が必須となります。

・チケット番号もしくは案件 ID（その案件を一意に特定できる ID）
・タイトル、対応
・概要
・状態（Open, Close, Wait など）

また、必要に応じて下記の情報も加えます。

・対応履歴

・取得した関連情報やログなどのデータ、もしくはそれらへの参照

・クローズや、得られた知見、必要となったスキル（終了時）

メールの送受信数や案件ごとの対応数なども統計データとして使えるようにすることが理想的です。

メンバー間での情報共有システム〔推奨〕

具体的なツールとしてはWiki、ブログ、チャット、チーム用SNSが挙げられます。

5-09 CSIRT人材を育成する

具体的な CSIRT に必要な人材の育成方法を見てみましょう。3章で挙げた役割に焦点を絞って解説します。高度な技術者として育成しないと CSIRT が務まらないわけではありません。ソフトスキルに焦点を当てれば、CSIRT 以外での役割も期待できます。

＞ 1 CSIRT が共通して育てるべき能力・知識

　3章で紹介したように、CSIRT には統率者、PoC、対応者、伝達者の四つの役割があります。ここでは、それぞれの役割における育成について紹介します。

　まず、**どの役割にも共通して言えることは、コミュニケーション能力を継続して磨く必要性があります**。CSIRT は組織内外との連携が多いため、コミュニケーション能力は最も重要な能力です。

　次いでインシデント対応に必要な技術力を磨きます。対応者は具体的な業務指示や委託している事業者などとの連携が必要になる場合があるため、より高い技術力が必要です。それ以外の役割の人も、脆弱性や不正プログラムなどの基本的な用語を理解しているレベルにはしておきましょう。**IPA が提供している資格で言えば、対応者は情報処理安全確保支援士、それ以外の役割は IT パスポートの資格を有しているくらいが望ましいでしょう**。また、CSIRT 人材の育成は OJT（On the Job Training）の機会を設け、より実践的に教育訓練体制で臨むことも大切です。

　さらに、自組織をよく知っていることも大切です。セキュリティポリシーやガイドラインを組織内で作るまたは支援する役割も担っている CSIRT は、**組織としての使命や事業はもちろんのこと、組織内にあるポリシーや基準、遵守事項を熟知している必要があります**。

　CSIRT には必ずしも高度な技術者を必要としているわけではありません。CSIRT で活躍できる人材は、今後組織内のどの部門に所属しても活躍でき

る人材として育成できます。技術は最低限必要ですが、技術の学習だけになるのではなく、組織として判断できる力、考える力、伝える力など、ソフトスキルに焦点を当てて育成をしておくと、組織の成長を考えたときに今後事業の中心的な役割としての期待もできるでしょう。

＞ 2　役割に応じて育てるべき能力・知識

統率者

　統率者は文字通りマネジメントの能力が必要です。また、自組織をよく知り、リスク管理の視点から組織をみることも必要になります。このような視点や能力を磨けるように、基本的なマネジメントやリスク管理を学習することが必要です。また組織のことを広く理解しておくことが必要なため、組織の使命や事業、情報システム、組織体制などを理解しておくことも必要です。必ずしも情報システム部門に限らず、営業やマーケティング、財務や法務、どの視点でも組織の事業の一角を担い、そこで得た経験は CSIRT にも役立ちます。また、多くが仮想組織とはいえ、CSIRT を統括するということは少なくとも 5 名以上の管理を行うことになります。どの部門であったとしてもマネージャーの経験を積ませ、マネジメントを実感させることも育成の一環と言えます。

PoC

　PoC はステークホルダーを理解するところから始まります。関係のある（内外いずれの）組織の特性を理解する必要があります。特に、法執行機関に代表されるような公的機関については連携方法を知り、適切な連携が図れるように準備を行います。また、**外部組織と連携を行うため、IT の知識やサイバーセキュリティの知識は最低限学んでおく必要があります**。PoC については、技術力ではなくコミュニケーション能力の高い人材を組織内で見出し、最低限の知識となる学習を早々に初めておくと、組織の変更や人事異動に対応しやすく、外部からの信頼を損なわれることもないでしょう。

対応者

　対応者は組織における技術的な専門家です。とは言え、解析エンジニアやフォレンジックエンジニアのような高度な技術を必要としているわけではありません。

　継続して学ぶ必要があるのはサイバー空間における脅威についてです。特に、脆弱性や導入しているセキュリティ機器に関する知識が必要です。そして、インシデント対応の中心となるインシデントハンドリングを行う知識なども必要です。

伝達者

　伝達者については情報をまとめる力、伝える力を身に着ける必要があります。まず、自組織を把握するとともに、サイバー空間で生じる脅威について理解をしておくことが前提になります。その上で、情報の整理・伝達の手法や考え方などを学習することが大切です。ロジカルシンキングやプレゼンテーション能力も経営者への説明や組織内の教育の機会にも活用することができるでしょう。

CSIRT同士で連携する

国や地域、組織をまたいでインシデントが発生する状況下では、他のCSIRTとの連携が必要になります。他のCSIRTとの連携にはさまざまなメリットがあります。セキュリティコミュニティの会合に参加するなどして、信頼関係を築きましょう。

＞ 1　CSIRT同士の連携の必要性

　いきなりですが、なぜ他のCSIRTとの連携が必要なのでしょうか。当たり前のことですが、組織同士のネットワークはルーターやファイアーウォールなどで区切られていますが、インターネットの世界では基本的に互いにつながっています。サイバー空間はフラットで、国境のような境目はありません。

　他の節でも述べたように、インシデントはしばしば国や地域、組織をまたいで発生しますし、サイバー犯罪組織は互いに手を結んで犯行に及ぶこともあります。**このような状況では、一つのCSIRTだけでインシデントに対処することはほぼ不可能です**。

　また、CSIRT同士が連携することにより、インシデントへの対応ばかりでなく、次のような利点があります。

学ぶ

　他のCSIRTのインシデントから学ぶことができます。また、CSIRT運用のノウハウも共有できます。

インシデントの共有

　自社のインシデントを他のCSIRTが見つけてくれたり、インシデントに対し共同で対応できたりする場合もあります。

安心感

頼れる先があることは、インシデント対応における安心感につながります。それは、大規模なインシデント対応時ほど強みになります。

＞ 2　連携のために重要な信頼と社交

それでは、どのようにして他のCSIRTと連携できる環境を築いていったらいいでしょうか。<u>それには何といっても互いの信頼が大切です</u>。次のようなことを実践してみてください。

- ・相手CSIRTやそのスタッフのだれかに自分たちの連絡先を通知する
- ・情報の送受信の経路や手段を確立させる
- ・受け取った情報は適切に取り扱う
- ・積極的に社交をする（互いを見知っているかどうかで行動は左右されます）

最後の社交について補足します。社交とは、セキュリティのコミュニティが主催する会合に参加し、知り合いを増やしていくことです（第1層）。<u>一度出席したら終わりではなく、継続的にコミュニティに関わることにより、信頼関係の維持や拡大につなげましょう</u>。別々の組織に属するCSIRTメンバーとの関係は、ビジネス関係ではないことが多く、共に自社のセキュリティを向上させるために相互に協力し合える仲間や同士といった言い方が近いといえます。そのような仲間たちとの連携は、信頼関係なくして築けるものではないことは自明でしょう（第2層）。

CSIRT同士で連携できるようになったら、業界のCSIRTで会合を開いたり、同じ課題を抱えるメンバーで会合を開いたりします。実は、多くのコミュニティで既にこのようなグループが存在しています（第3層）。コミュニティは誰でも参加できるオープンな会合を開催していることもありますの

で、そういったところから始めるといいでしょう。また、コミュニティに既に関わっている人たちが、さまざまなセキュリティ会合に参加したり、発表をしたりしていますので、そういった会合に参加するのも初めの一歩となります。

図5-04 個人・チーム・連携へと活動形態を重層的にする

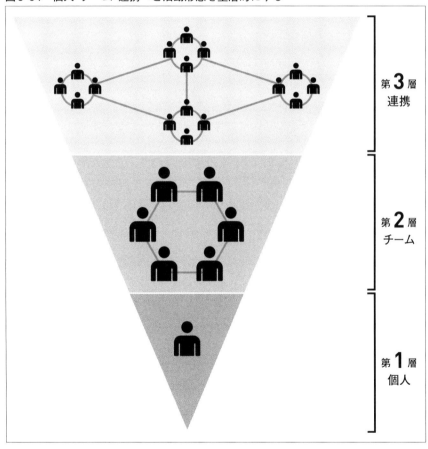

第**3**層
連携

第**2**層
チーム

第**1**層
個人

第5章 CSIRTを運用する

5-11 CSIRT関連のコミュニティ

ここでは国内外の CSIRT コミュニティを見てみましょう。個別の支援やワーキンググループの活動、CSIRT 教育プログラムの提供など、さまざまなサポートを得ることができます。

> 1 国内の CSIRT コミュニティ

前節では、CSIRT の連携とセキュリティのコミュニティについて解説しました。ここでは具体的なコミュニティも含めて CSIRT 関連の団体を紹介します。

まず、日本国内の団体です。

JPCERT/CC

国内のインシデント対応を行っているほか、海外の団体や CSIRT とも連携しています。脆弱性情報、脅威情報、CSIRT の構築や運用に関する文書なども公開しています。事案によっては個別の相談やサポートも受け付けています。

https://www.jpcert.or.jp/

日本コンピュータセキュリティインシデント対応チーム協議会（日本シーサート協議会）

日本シーサート協議会（NCA）とも呼ばれます。CSIRT のコミュニティで、会員はほぼ民間組織の CSIRT です。セキュリティを取り巻く昨今の状況では単独の CSIRT では対応が困難との認識のもと、2007 年に設立されました。多彩なワーキンググループが課題解決のために活動しています。CSIRT 同士の連携を目指すのにも最適な団体といえるでしょう。なお。加盟申請にあたっては、NCA の会員による推薦が必要です。

https://www.nca.gr.jp/

〉 2 海外の CSIRT コミュニティ

次に、海外の団体を紹介します。

CERT/CC

世界で初めて創設された CSIRT です。インシデント対応のほか、CSIRT の教育プログラム、セキュリティ関連の調査・研究を行っています。

CERT/CC は CSIRT 教育プログラムも主催しています。プログラムは多岐にわたりますが、「Creating a Computer Security Incident Response Team」と「Managing Computer Security Incident Response Teams」は、CSIRT を構築・運営する上で実用的な事柄が体系的にまとめられています。筆者も同様のプログラムを過去に受講したことがありますが（当時は一つのプログラム）、まさに CERT/CC の長年の経験が詰まっている内容です。受講料は高額ですが、機会があればぜひ受講することをお勧めします。

https://www.cert.org/

European Union Agency for Network and Information Security（ENISA）

ヨーロッパのセキュリティの中心といわれる団体です。セキュリティ全般や CSIRT に関する調査・研究を行ったり、教育プログラムやミーティングを主催したりしています。コンテンツの多くは商用利用を除いて自由に使うことができます。

https://www.enisa.europa.eu/

Forum of Incident Response and Security Teams（FIRST）

世界的な CSIRT のコミュニティです。世界各地から 593 の CSIRT（チーム）が参加しています（2019 年 12 月時点）。チーム同士は言語、文化、政

第5章　CSIRTを運用する

治などの枠組みを超えて連携しています。

　年間を通じて世界各地で技術会合を多数開催しており[7]、年に1度、定期総会を開催しています。総会の開催地は年ごとに異なり、会員でなくても参加は可能です。参加者は年々増え、近年では約800名に及ぶこともあります。海外のCSIRTとの連携を築くには最適な団体です。

　余談ですが、FIRST加盟チームを国別でみると、日本のチームはアメリカに次いで2番目の多さです（37チーム）。ここ数年、日本ではCSIRT構築がブームのようになっていますが、この数字にもそうした状況が反映されているのでしょう。

　https://www.first.org/

TF-CSIRT

　ヨーロッパのCSIRTのコミュニティです。CSIRT向けのトレーニングコース「TRANSITS」を主催しています[8]。ヨーロッパのCSIRTとの連携を築くのにも最適な団体です。なお、このTRANSITSのうち、議論を通して組織、運用、技術、法律の四つの観点からCSIRTについて学ぶ「TRANSITS I」というプログラムについては、上述のNCAが日本語に翻訳して開催しています。

　https://tf-csirt.org/

＊ **7**　https://www.first.org/conference/
＊ **8**　https://tf-csirt.org/transits/

5-12 法執行機関へ相談する

コミュニティ以外の主な CSIRT 関連組織、なかでも法執行機関との関わりも重要です。
ここでは、警察への相談から被害の根拠となる資料提出、被害届の提出までの流れを確認
しましょう。

> 1 警察組織の概要

　CSIRT に関連する法執行機関といえば警察になるでしょう。警察組織には、サイバー攻撃・サイバー犯罪に対応する部門が多々存在します。最も規模の大きい警視庁（2019 年現在）を例にとると、各組織は以下のような役割を担っています。

・公安部サイバー攻撃対策センター
サイバー攻撃に係る警備情報の収集・整理など、警備犯罪の取締りに関する任務

・刑事部捜査支援分析センター
犯罪捜査の支援、捜査支援に必要な調査および研究開発に関する任務

・生活安全部サイバー犯罪対策課
サイバー犯罪の取締りと対策の任務

・サイバーセキュリティ対策本部
東京中小企業サイバーセキュリティ支援ネットワーク（Tcyss）の支援のほか、サイバーセキュリティ戦略の策定、情報の共有、捜査・技術支援、人材育成などの任務

　警察への被害相談は、まずは被害相談の日時設定のため電話連絡から始めるのがよいでしょう。企業の本社所在地を管轄している警察署へ直接出向いてもよいですが、担当してくれる捜査官がその時間にいなければ無駄足になってしまいます。

　どのような被害を受けたのかが判明している場合は、被害の概要を伝えることで、適切な担当部署へつないでくれます。県警によっては窓口を特定部署に集中させているところもありますので、そのような場合には、「企業に対するサイバー攻撃を受けたので、担当部署へつないでほしい」などを伝えることでも構わないでしょう。

　担当者が電話に出たら、具体的な被害として、例えば、「マルウェアに感染してしまい、取引をしている○○銀行から○○銀行へ○○円不正送金されてしまった」「標的型メールによって添付された○○というファイルを開いたことで端末が感染し、個人情報○○件が窃取されてしまった」といった被害内容を伝え、警察署へ訪問する日時を決めます。なお、サイバー攻撃の内容によって対応部署が異なるため、対応してくれた担当者は、被害状況から判断して本部の専門捜査官にも同席してもらうとか、○○課の捜査官にも同席してもらうなどを検討します。そのため、被害状況について特定の被害だけではなく、全体像を伝えることが必要です。

　例えば、マルウェアに感染して取引銀行から別の銀行へ不正送金されたり、Webサーバが改ざんされたり、不正アクセスされたりした場合は生活安全課が担当します。被害に遭った企業のみを狙ったような標的型攻撃によるマルウェアの感染被害の場合は、同警察本部にサイバー攻撃特別捜査隊が設置されていれば同捜査隊が、設置されていなければ本部警備部の捜査官がそれぞれ対応する場合があります。他にもインターネット上で名誉毀損や誹謗中傷をされた場合や、掲示板等を用いて施設などの爆破予告や殺害予告をされた場合は、刑事部捜査第一課特殊班捜査が対応することもあります。サイバー攻撃の被害内容を正確に把握しておくことで、対応してくれる部署に適

切に被害相談をすることができることになり、迅速な対応につながります。

＞ 3　提出資料

　<u>捜査機関へ被害を相談しに行く場合は、被害を明らかにするための資料を持参することになります</u>。持参資料は、サイバー攻撃などを受けたことと、被害が発生していることを根拠付ける資料が対象になります。例えば、Webサーバに対して不正アクセスを受けた場合であれば、Webサーバへのアクセスログやログインログ、Webサーバのファイル構成、攻撃者によって保存されたファイル、動作しているサービス情報一覧などが持参する資料として考えられます。マルウェアに感染した場合には、特定・抽出したマルウェア本体、マルウェアの感染経路、マルウェアの動作解析結果、ネットワーク構成図などの資料を持参することが考えられます。

　また、<u>サイバー攻撃などによる被害を正確に把握するためには、解析が必要になります</u>。自社に解析用の機材と人材が備わっている場合には自社で解析することも差し支えありません。しかし、備わっていない場合、あるいは高度なサイバー攻撃などを受けたと判断した場合には、今後の捜査や攻撃者へ責任追及することを念頭に解析業者（デジタルフォレンジック業者など）に依頼することが望ましいでしょう。自社で解析を実施する場合においても、できるだけ後の捜査や裁判において証拠となるように、デジタル・フォレンジック研究会から公開されている証拠保全ガイドラインに沿って、証拠保全をしてから解析を実施することが望ましいです[9]。

　作成された解析結果報告書を持参する場合には、解析の元になった前述のログなどの資料も合わせて持参します。このとき、ログ等のデータをUSBメモリやハードディスクに保存して持参すると、捜査機関の解析用端末に接続する手続きに手間がかかります。CD-RかDVD-Rにコピーして持参することがよいでしょう。

＊9　証拠保全ガイドライン第8版（令和元年12月現在）
https://digitalforensic.jp/wp-content/uploads/2019/12/guideline_8thv1.3.pdf

解析業者に依頼した場合、解析内容によっては1か月から数か月程度時間を要することがあります。サイバー攻撃の被害が発生してから数か月経過した後に解析結果を受領し、攻撃元のIPアドレスが国内のものであると判明して捜査機関に相談したとしても、インターネットサービスプロバイダ（ISP）において、攻撃元IPアドレスが割り当てられた契約者情報を紐付けるログの保存期間が経過してしまうことがあります。保存期間経過後にISPに対して攻撃元IPアドレスが割り当てられた契約者情報を照会しても、ログが残っておらず攻撃元を特定することができなくなってしまう恐れがあります。ISPでは、IPアドレスと契約者情報を紐付けるログの保存期間が、長いところでは180日、短いところでは60日程度しか保存していません。そのため、解析業者から逐次報告を受けるようにして、攻撃を受けてから60日以内（2か月以内ではない点に注意）に捜査機関に相談に行くことで、捜査機関からプロバイダに対して削除しないよう保全要請を実施します。その後、裁判所からの令状の発付を受けて、ISPに対して当該攻撃元IPアドレスに関する情報の差押えを実施します。

＞ 4　被害届

　被害届は被害事実についての申告であり、捜査の端緒として活用されることが予定されています。被害届は必要的記載事項が全て記載されている場合には、捜査機関は必ず受理しなければなりませんが（犯罪捜査規範第61条1項）、告訴・告発と異なり、法律的に捜査義務が発生するわけではありません（なお、前述の被害相談は被害届とも異なり、受理すらありません）。

　不正アクセス事案においては、捜査機関は被害届を受け取らず、被害相談だけを実施する場合もあるため、必ずしもあらかじめ被害届を作成して持参する必要はありません。一方、マルウェアによる被害事例については、被害届ての作成に必要な事項をまとめた報告書を持参することで、操作担当官が被害届を作成してくれる場合がありますが、基本的には、まずは前述の解析結果報告書を持参し、被害状況を説明することが望ましいでしょう。

　被害届の内容は、届出人の住居、氏名、被害者（被害会社の場合は代表取締役）の住所、氏名または名称、年齢（生年月日）、被害に遭った日時、被害に遭った場所、被害の状況（どのような犯罪でどのような被害に遭ったか）、被害金額（品名、数量、時価、特徴、所有者）、犯人の住居、氏名または通称、人相、着衣、特徴など（被疑者が不明の場合は被疑者不詳）、その他参考となるべき事項（証拠としてのログなどのデータ）が必要です。

CSIRT の活動をあらゆる立場の人に知ってもらう必要があります。特に経営層には定期的に報告する必要があります。具体的に何をどう報告すればよいのでしょうか。この節では定期的な報告を中心に注意点を押さえましょう。

> 1 報告の注意点

CSIRT から経営層の報告には、重大・重要なインシデント発生時の緊急的なものと定期的・定例的なものの大きく二通りがあります。前者については、CSIRT の運用事例のところでも触れますので、ここでは後者の定期的・定例的な報告について考えてみましょう。

組織において業務の進捗状況やその成果について上位層に報告しなければならないのは当然のことで、CSIRT も例外ではありません。ただし、ルーチン業務や開発業務のように、スケジュールや目標が明確に決定できる業務に比べると、不確実な外部の脅威への対応が中心となるので、やや気をつけなければならない点もあります。報告を受ける側が、そうした不確実性に慣れていない場合もあるでしょう。

CSIRT が報告しなければならない経営層は、まず規定で定められた CISO[10] です。組織全体にサイバーセキュリティ対策の重要性と CSIRT の活動を知ってもらうためには、この CISO が組織に設置された各種委員会や取締役会などで説明しやすく、ICT やセキュリティにあまり詳しくない他の経営陣にも理解しやすい形にしなければなりません。また、多くの責任者が参加する取締役会などでの報告時間は非常に限られたものです。したがって、報告においては細かい技術的問題を羅列するより、一目見て影響のあるもの、経営の言葉で語られているものを作成する必要があります（技術的問題が不要というわけではありません）。

＞ 2 報告の例

レポーティングでは、例えば以下のような資料を用意しましょう。

報告書［要約版］（エグゼクティブ・サマリー）

　<u>資料全体を経営層向けに要約したものです</u>。一覧性を担保するために、A4用紙1枚にまとめます。組織によって、文章での記述が好まれる場合と、図表を中心とした記述が好まれる場合があります。CSIRTの場合は、ネットワークの図やインシデント件数などのグラフが必要となる場合がありますが、文章力（説明力）も磨いておきましょう。

重要インシデント情報

　<u>重要インシデントが発生した場合は、まずその事実と影響（損害など）、対応状況（経緯）について、「一言でいうと何が起こってどうなったのか」をまとめ、その後時系列でまとめます</u>。関連部署（外部含む）や類似事例、メディアやベンダーなどの反応などについても記載します。可能であれば、何が問題（原因）で、組織として今後どのような対策を取るべきかについての提案を入れます。調査中の事案であれば、現状明らかになっていることについても説明するとよいでしょう。セキュリティ専門家以外の経営層が見てもわかるようなビジネス用語で書かれた「Q&A」などを準備しておくと効果的です。

基本統計情報

　<u>インシデントの発生件数と対応状況、分析結果などの基本的な情報を報告します</u>。当期の集計結果だけでなく、前期との比較やトレンドなどがあるとわかりやすいでしょう。必要に応じて、IPA（情報処理推進機構）やJPCERT/CC、NCA、セキュリティベンダーなどが出している注意喚起やレポートの情報を付加しておくことで、組織特有の課題なのか、より広い課題なのかがわかります。

第5章　CSIRTを運用する

活動報告

　CSIRT の活動の中心はインシデント・レスポンスですが、それ以外にもさまざまなことを行っているはずです。**組織内でのセキュリティ教育、マニュアルや手順書の作成、情報の収集・分析などこれまで行ってきた活動について、リストアップします**。できるだけ客観的な数値（人数や時間など）で説明しましょう。経営層が注目するのは、「その活動によって組織にとってどのような成果があったか」ということです。

用語解説

　繰り返しになりますが、経営層の中にはサイバーセキュリティに詳しくない人もいます。技術用語を使う場合は、用語解説をした資料が添付されているとより理解を促進するものになります。

> Column **PDCA と OODA**

　セキュリティの世界ではよくPDCAという生産サイクルが使用されます。これは情報セキュリティマネージメントの中で実施すべき項目として記載されているからでしょう。

　しかし、CSIRTの活動にPDCAという概念は合っているのでしょうか。CSIRTとはトップからのセキュリティポリシーに対応すべくボトムアップにインシデント対応を実施していく組織です。生産の概念から生まれてきたPDCAサイクルという考え方があっているとは思えません。

　一方、OODA（ウッーダ）とうループがあります。OODAとはObserve（観察）、Orient（情勢への適用）、Decide（意思決定）、Act（行動）で回るループです。

図5-05　OODAループ

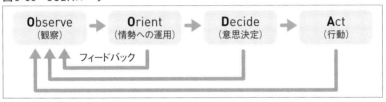

　このループはCSIRTの活動と非常にマッチしています。しかし、OODAは元々戦闘機パイロットの意思決定から生まれた概念であり、スキルの高いCSIRTのインシデントハンドラーが要求されます。また、多くの説明ではOODAの各ステップは、実は前のステップもしくはObserve（観察）に戻るという必要があり、個人をベースとしたループであるため、効率性などがそれぞれの担当者の経験に非常に依存します。そこで、チームで動くことが前提となっている初心者のCSIRTは、チームでの振り返りを加えた以下のループがよいでしょう。

　　O：観察（情報収集もしくはインシデント発生受付）
　　O：状況適用（トリアージも含む）
　　A：行動
　　R：振り返り

第 **6** 章

CSIRTの
運用事例

6-01 WannaCryへの対応

CSIRTが対応するインシデントの事例として、「WannaCry」とそれによって起きた混乱について見てみましょう。この事件では報道によって経営層が敏感になったり、公的機関による発表が却って混乱を呼んでしまったりといった事例が見受けられました。

〉 1 「WannaCry」の概要

　CSIRTの歴史のきっかけとなった「モリスワーム」に代表されるように、コンピュータの発展とともに、ワームは継続してコンピュータの脅威となってきました。

　2017年に登場した「WannaCry」というランサムウェアはワーム機能も有していて、組織内で一気に感染が拡大することもありました。この感染経路は主にSMB[1]の脆弱性を付いて侵入するものと言われており、SMBによるファイル共有で利用するTCP445番ポートの適切な使用制限や設定で対策できました。そもそも、公開されているセキュリティパッチを適用していれば感染することはありませんでした。しかし、**パッチを適用しにくい端末があったりパッチ適用が間に合わなかったりしたため、多くの組織の端末が感染する事態となりました**。

〉 2 海外からの情報

　海外の報道では病院や工場などで感染が生じ、情報系の端末に限らず事業に影響が出ていると報道されていました。これらの情報は国内にも大々的に広がり、国内の報道機関でも取り上げられる大きな騒動となりました。

＊ 1　**SMB**：ネットワーク上のコンピュータ同士がファイルを共有するためのサービス。

この騒動を受けて自組織の感染に関係なく、さまざまなCSIRTが対応に追われることになりました。例えば、A社のCSIRTでは実際にWannaCryに感染したことが報じられ、問い合わせ対応や組織内での説明、感染の駆除対応などインシデント対応に追われました。また、B社のCSIRTでは自組織の感染は確認されていませんでしたが、これらの報道を見聞きした経営層が「うちは大丈夫か」と騒ぎ始めたため、経営層への説明や社内調整に時間を費やすこととなりました。このように、**概要説明や自組織の状況などを経営層に説明するための資料の作成などに苦慮するケースは多々あります**。

❭ 3　公的機関の発表

国内外での幅広い感染を受けて、国内の公的機関においても本件の説明が行われました。迅速な説明対応は素晴らしいことですが、被害状況や原因が不明な状態で説明を行わざるを得なかったことが、却って裏目に出た面もありました。**状況を一部しか把握できなかったことに加えて、ランサムウェアなどの脅威もあくまで一般論の説明しかなかったため、一部では混乱が生じました**。

その一例が侵入経路についての情報です。ランサムウェアの一般的な感染経路はメールです。標的型攻撃やランサムウェアなどの多くはメールで内部への侵入を試みます。無論、誤った情報ではないですが、WannaCryの場合はメールではなく上記のように主にSMBの脆弱性を突いて侵入します。メールでの侵入と一般論で説明したことが混乱を招いたといえます。

結果、原因不明な状況で、あるいはSMBの情報を入手し始めた状況でも、公的機関の発表を受けて「とりあえずメールには気をつけろ」と言った注意喚起をわざわざ組織全体に行った組織もありました。

このようにWannaCryというランサムウェアによるインシデント一つとっても、CSIRTの対応はさまざまです。なかには自組織の感染が確認できなかったため対応を終了したCSIRTもありました。

❯ 4　いざというとき混乱しないように平時から備える

　近年の傾向として、インシデントそのものの重大度が高いことよりも、世間で騒がれたことによって、対応せざるをなくなっている CSIRT も増加しています。

　いずれにしても言えることは、報道によって慌てない体制を普段から整備しておくことが大切です。経営層や組織内のキーマンが騒ぎ出さないように、事前に情報のインプットを行い、セキュリティの知識を高めることによって、CSIRT が世の中のインシデントに大きく振り回される事態を減らすことが可能です。

　また、インシデント対応は確実な情報が得られている状況で対応を行うわけではなく、多くは不確実な状態です。だからこそ、CSIRT のメンバーや利害関係者（ステークホルダ）はもちろんのこと、組織全体で普段からの準備をしておく必要があります。

6-02 標的型メール攻撃の数々

インシデント事例として、標的型メールによる被害の経緯と概要を見てみましょう。他人を装ったメールに添付されたマルウェアを実行してしまうなどして被害が発生してしまいます。事件の具体的な経過を押さえて対策に活かしましょう。

＞ 1 某社を狙ったサイバー攻撃事件

　標的型攻撃といえば、2011年9月に公表された某社が受けたサイバー攻撃事件が有名です。これは日本で最初に被害を受けた標的型攻撃といわれています。

　2011年8月頃、防衛装備品や原子力プラントを製造している某社の本社や研究所など11箇所の拠点において、合計83台（サーバ45台、従業員用端末38台）の端末がマルウェアに感染し、システム情報などが流出した可能性がありました。**この事案は、いわゆる標的型メール攻撃を受けたもので、同年3月の東日本大震災の情報に便乗し、実在する人物を送信者として装っていました**。この標的型メールを受信した社員が同メールに添付されていたファイルを開いてしまったことによりマルウェアに感染し、さまざまなコンピュータにも感染を拡大させました。このメールの本文は、標的型メールが送信される約10時間前に、関係者が実際に送信した文面がほぼそのまま使用されていました。マルウェアに感染していることを把握できたのは、社内のサーバが再起動を繰り返すという異常状態に気づいたためでした。

　漏えいした可能性のある情報は、社内システムの一部の情報、防衛省からの受注データ、管理報告書の一部、戦闘機に関する資料などでした。本件に用いられたマルウェアは、内部ネットワークの設定の一部をハードコーディングした上で作成されたものであり、明らかに某社を標的として狙った攻撃だったとされています。

〉 2 衆議院を狙ったサイバー攻撃事件

2011年7月下旬、衆議院議員に対するサイバー攻撃が発生しました。

この事案は、複数の衆議院議員に対してマルウェアが添付された標的型メールが送付され、受信者のうちの1名が添付されたマルウェアを実行したために感染しました。この感染よりも数日前にも同様の標的型メールが送付されていましたが、添付ファイルを実行した感染者はいなかったため、その時点では発覚しませんでした。攻撃者は感染した端末を操作して複数の端末を乗っ取り、合計32台（公務用端末26台、アカウントサーバなど4台、運用管理端末2台）の端末が感染しました。マルウェアに感染していると気づいたのは管理業者からの通報でした。

標的型メールの件名は「お願い事」で、差出人名は週刊誌の記者の名前を騙ったものでした。また、「Photo.zip」という名前がついた添付ファイルがありました。そして、マルウェアの機能としてキーロガー[2]、リモート操作、画像への埋め込みによるステガノグラフィ[3]を用いたコマンド実行機能などを有していました。漏えいした可能性のある情報は、衆議院議員および秘書用端末のユーザID・パスワードのハッシュ値のリストが1000件以上、さらに管理者権限のID・パスワードなどでした。

本件に用いられたマルウェアは、画像ファイルと実行ファイルを組み合わせたものです。画像が表示された後、バックグラウンドでマルウェアが実行されるため、感染した1名は画像が表示されたに過ぎないと勘違いしてしまったものと考えられます。

---

* 2 **キーロガー**：コンピュータへのキー入力を監視・記録するソフトウェアまたはハードウェア。
* 3 **ステガノグラフィ**：データを他の画像などに埋め込む技術のこと。この機能を用いてコマンドが実行されると、ネットワーク上は画像データの送受信と判断されてしまうため、遠隔操作されていることの検知が困難になる。

＞ 3　日本年金機構を狙ったサイバー攻撃事件

　2015 年 5 月頃、日本年金機構に対してマルウェアをダウンロードさせる URL が記載された標的型メールが届き、職員の 1 名がその URL をクリックしマルウェアをダウンロードして感染しました。

　NISC（内閣サイバーセキュリティセンター）が日本年金機構の通信を観測していたため、この感染した端末からの不審な通信を検知し、厚生労働省を経由して日本年金機構に連絡しました。同機構は、不審な接続の記録を確認し、感染していた端末を隔離しました。また、このマルウェアは当時のウイルス対策ソフトでは検知できないことが判明しました。

　数日後、再度マルウェアが添付された標的型メールが届き、職員の 1 名が同マルウェアを実行して感染しました。その後、NISC がこの感染した端末からの不審な通信を検知し、再度厚生労働省を経由して日本年金機構に連絡しました。同機構は、端末 19 台がマルウェアに感染していることを確認し、不審な通信をしている部署のインターネット接続を全て遮断しました。2015 年 5 月末頃にも別の 1 台の端末がマルウェアに感染していることを確認し、最終的には、合計 31 台の端末が感染していることを確認しました。

　漏えいした可能性のある情報は、基礎年金番号、氏名、生年月日、住所の全部または一部が含まれる合計約 125 万件でした。また、本件に関して職員らにより某掲示板に被害状況の書込みが行われており、危機意識の低さが問題になりました。

6-03 ウェブアプリケーション フレームワークの脆弱性

2016年に発覚した「Apache Struts」の脆弱性では、パッチのインストールによるアプリケーションへの影響が懸念されたり、そもそもパッチが作成されなかったりと、困難な状況が発生しました。システム導入の際には脆弱性対応にかかるコストも考慮しましょう。

❯ 1 多くの被害をもたらしたStrutsの脆弱性

2016年4月、オープンソースソフトウェア「Apache Struts」の脆弱性[4]が話題となりました。

この脆弱性は、ApacheのウェブアプリケーションフレームワークであるStrutsシステムに存在していたもので、Strutsが動作している環境では、外部から任意のコードを実行することが可能になっていました。**Struts自体の脆弱性であるため、パッチをインストールするとStruts上で動作するアプリケーションにも影響を及ぼす可能性がありました**。パッチのインストールがどのような結果をもたらすのかが不透明であったため、どの組織もインストールをためらっていました。

この問題は当初Ver.2.3.20以降のStrutsのものと考えられていましたが、のちにVer.1系列にも存在することが明らかになりました。ところが、Ver.1はすでにサポートが終了していたため、脆弱性を修正したパッチが作成されないとして、混乱に拍車がかかりました。その結果、多くのCSIRTが、脆弱性についての詳しい情報やパッチのインストール方法を求めて奔走することとなりました。

この脆弱性の具体的な問題点は、HTTPのリクエストを細工して送ることで任意のコマンドが実行できることでした。多くの被害が発生したと思われる一方で、この脆弱性による被害が発生したか公開していない組織も少な

---

[4] https://cve.mitre.org/cgi-bin/cvename.cgi?name=CVE-2016-3081

くなく、全貌ははっきりしません。わかっている被害の一例としては、大手 ISP[5] からメールアドレスと暗号化されたパスワードが数百万件単位で漏えいしたことが挙げられます。その他にも、「まとめサイト」と呼ばれる Web サイトからアカウント情報が 100 万件以上漏えいしたり、クレジットカード情報が漏れた組織があったりしたこともわかっています。さらに、漏えいしたアカウント情報を利用したパスワードリスト攻撃も多数発生したと言われています。

❯ 2　システムの導入は脆弱性対策のコストも考慮する

　海外では Apache Struts はあまり使われていなかったため日本ほど話題にならず、得られる情報は限られていました。開発元の対応が不十分であったことも重なって、いろいろな面で CSIRT にとって困難な状況でした。

　このようなことから、**今後の対策として、利用者が極端に少なかったり、更新頻度が低かったりするソフトウェアは、代替品などへの変更を検討する必要があると考えられます**。実際、Apache Struts から「Spring」[6] と呼ばれる同様のシステムへの移行を進めている組織も多いようです。

　システムを導入するに当たっては、脆弱性対応にかかるコストも考慮した上で、システム開発や運用の計画を立てることも大切です。アプリケーションフレームワークのように、設定の変更やパッチのインストールが容易ではないシステムでは、インシデントが起きた場合の軽減策やワークアラウンドを把握しておきましょう。

* 5　**ISP**：Internet Services Provider の略。契約者にインターネットへの接続を提供する事業者。
* 6　https://spring.io/projects/spring-framework

フィッシングサイトを立ち上げられた場合

たびたび発生しているインシデントとして、Webサーバが侵害されて別の企業のフィッシングサイトが構築されるというものがあります。なかでもある企業の具体例から、インシデントの予防と対応に重要なことは何か考えてみましょう。

＞ 1 被害に遭った Web サイトの構造

A社が運営するポータルサイトでは、サーバ管理ソフトウェアの既知の脆弱性が悪用されて、アメリカの銀行を騙るフィッシングサイトが構築・公開されました。ポータルサイトの構成のうち、公開Webサーバが侵害されて「アメリカの銀行」を騙るWebコンテンツが置かれていたのです（図6-01）。

図6-01 ポータルサイトの構造

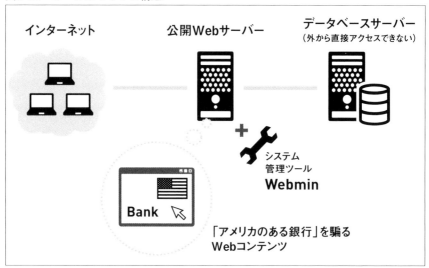

この公開 Web サーバは、サービス事業者 B がホスティングサーバを提供し、別のサービス事業者 C がシステム構築を行うという、Web サーバの運用方法としてよくあるパターンでした（**図 6-02**）。ただし、事業者 C とは保守契約を結んでいませんでした。

図 6-02　公開 Web サーバの構築・運用

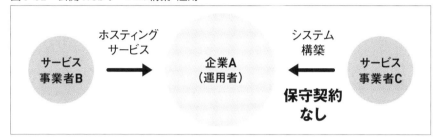

＞ 2　インシデント対応までの流れ

インシデントが発覚する半年前、Web サーバの管理ソフトウェアの脆弱性を突かれて、サーバ管理者のパスワードが盗み取られました。それから約 5 か月後、何者かが Web 管理者としてシステムに侵入し、その 20 日後に米国の銀行を騙るフィッシングサイトが構築されました。最初にこの異常に気がついたのは、実は、A 社とは無関係の海外の第三者 B でした。フィッシングサイトが構築されてから 3 日後のことです。第三者 B は A 社にメールで連絡しましたが、担当者は長期休暇中で、せっかくの通知も放置されてしまいました。さらに、担当者は職務に復帰したとき、異常を知らせる英語のメールをスパムメールと勘違いして見逃しました。

海外からA社に対して連絡を取ろうとした第三者Bは、A社に動きが見られないことから、今度はA社の親会社のCSIRT（以下、CSIRT X）に連絡しました。CSIRT XからA社の担当者に話が伝わり、ようやくA社はインシデントに気づきました。

親会社のCSIRT Xの支援を得て、A社のインシデントは解決に向かいます。まず、CSIRT Xの指示によりWebサーバを停止して、メンテナンス中である旨をトップページに表示しました。また、本来は必要のない未使用のサーバ管理ソフトウェアを停止しました。続いて解析を行ったところ、何者かがヨーロッパのある国を経由してシステムに侵入し、フィッシングサイトを構築したことがわかりました。このWebサーバには、ユーザの個人情報が入ったデータベースサーバが接続されていましたが、幸い、個人情報は漏えいしていないことが確認されました。

問題となったサーバ管理ソフトウェアは、同じグループの他の会社でも使用している可能性が高いため、CSIRT Xはグループ企業全社に向けて注意と勧告を行いました。

図6-03　インシデント対応までの時系列

半年前	暗号化されたパスワードが盗まれる
26日前	Web管理者として侵入
7日前	フィッシングサイト設置
6日前	海外から連絡あるも担当者長期休暇中
前日	再度海外から連絡　Cc:CSIRT X
当日	CSIRT Xからの担当者に連絡

❯ 3 基本的な活動・対応の大切さ

この事例によって明らかになったことを、問題点と評価点それぞれ挙げて
みましょう。

問題点

- ソフトウェアの脆弱性に気づかず、放置した
- サーバ管理ソフトウェアに IP アドレスによるアクセス制限
  をかけていなかったため、世界中のどこからでもログインで
  きる状態だった
- 連絡体制や外国語による通知への対応に不備があった

評価点

- 親会社の CSIRT X によるインシデント対応が適切だった
- インシデント発覚後、A 社は CSIRT X と連携して適切な処
  置を行った
- グループ企業に被害が拡大するのを防ぐために勧告を行った

　**この事例では、基本的な脆弱性対応やアクセス管理がいかに重要であるか
を再確認させてくれました**。また、この事例には CSIRT が行うべきあらゆ
る事柄が含まれています。CSIRT の体制を整えることの大切さも、このイ
ンシデントを通じて改めて認識できるでしょう。

近年、人材育成にメンター制度を採用する CSIRT がわずかながら出てきました。新しく配属されて来た人や初期の CSIRT では戸惑うことも多い CSIRT にとって、メンター制度は優れた人材育成システムとなり得るでしょう。

〉 1 CSIRT におけるメンターのメリット

　日本でも CSIRT がいくつか立ち上がったばかりの頃は、CSIRT の業務も運営も試行錯誤の連続でした。経験のあるスタッフでも戸惑う状況でしたから、CSIRT に配属されたばかりの新人はなおさらだったことでしょう。CSIRT の業務は、ちょっとしたミスが大きな事故につながることもあります。そのため、筆者が所属していた CSIRT では、新人スタッフが配属されると必ず経験を積んだスタッフ 1 名が新人について、サポートやアドバイスを行っています。

　このように、経験豊富な上司や先輩がメンター（mentor。「良き指導者・助言者」の意味）となり、新入社員を専任でサポートする人材育成システムが注目を集め、採用する組織も出てきています。CSIRT という概念自体がまだ新しいため、新しく配属されて来た人は戸惑うことも多いでしょう。初期の CSIRT であってもメンター制度を採用することにより、立ち上がりにおける混乱を避けることができます。CSIRT はインシデント対応などのネガティブな活動を支えるものですが、メンターがいると落ち着いて業務に慣れることができるでしょう。また、新人とメンターとの間に信頼感が増して協力し合えるなどのメリットもあります。さらに、メンターになることは、メンター自身の資質を伸ばすことにもつながります。

　一方で、お互い生身の人間ですから、どこか相性が悪いこともあります。新人と経験者という立場から上下関係が強まった結果、業務命令とそれに従うだけの関係に陥る場合もあり、残念ながらメンター制度がうまく機能しな

いケースもあります。

＞ 2 メンター活用のポイント

メンター制度は CSIRT にとって優れた人材育成システムになり得る存在ですが、採用するうえで注意すべきポイントもあります。まず、メンターの人選は重要です。当たり前ですが、メンターは先輩であれば誰でもいいわけではありません。メンターは業務に関する能力が伸びている人、あるいは能力を伸ばしたい人から選びましょう。

また、人間関係が思わしくなく、改善の兆しが見られないと判断した場合は、早めにメンターを変更しましょう。人間関係上の理由からメンターを変更した場合は、能力の問題から変更したのではないと理解してもらうことを双方に徹底することも重要です。もちろん、感情的な問題が残らないよう配慮することも必要です。

そして、新人とメンターの計2名だから業務も2倍できるわけではないことを理解しましょう。むしろ、最初のうちは遂行可能な業務は通常の半分程度と考えるべきです。

教育的側面は少し減りますが、ある程度経験の揃っている2人で仕事を実施する「バディ方式」も効果的です。バディ方式では2人の視点でインシデントやセキュリティの問題を分析できます。また、お互いの作業をチェックし合うことで1人で作業をする不安を解消できる効果もあります。

図6-04　メンター活用のポイント

| 能力が伸びている人を
メンターに | 人間関係が思わしくない
ときはメンターを変更する | 業務の作業量は
半分になると考える |

第6章　CSIRTの運用事例

6-06 ベンダーを活用した人材確保

CSIRT を担うセキュリティ人材の育成を自社で行うことが難しい場合は、アウトソースの可能性を検討しましょう。ただし、コマンドとコントロール、コーディネートといった機能は自社でしっかり保持しましょう。

〉1 アウトソースの可能性を探る

　経営学に"Make or Buy"という言葉があります。これは「内製か外注か」という意味で、人材を含む自社の資源を内部で開発するか、それとも外部から調達するのかという、経営意思決定の問題として語られます。ユーザ企業の場合、CSIRT を担うセキュリティ人材の育成を自社で行うことは厳しい場合も多いでしょう。**Make（内部開発）が難しい場合、Buy（外部調達）、すなわちアウトソースの可能性を探る必要があります**。

　近年は、多くのセキュリティベンダーや IT ベンダーが、サイバーセキュリティに関する教育訓練や演習、SOC サービス、そして、CSIRT 構築支援サービスを提供しています。MSS（マネージドセキュリティサービス）として、パッケージで提供している業者もあります。こうしたベンダーのサービスを利用する企業も増えてきました。

　人事制度の面からもベンダー利用の可能性が考えられます。海外企業やベンチャー的な企業では、高額の報酬を提示してセキュリティのプロフェッショナルを雇う場合もありますが、通常の日本企業の場合、まだまだ中途採用に消極的な企業も多く、人事制度や給与体系も硬直的です。結果、なかなか自社で優秀なセキュリティ人材を確保するのが難しくなることもベンダーを利用する理由の一つです。

　一方、アウトソースする場合、高額な給与などの人件費はかかりませんが、かわりに業務委託費に関する支出が増加することは明らかです。**最先端のサービスなど、要求スペックによっては高額な費用がかかりますので、短期**

的・長期的両面のコスト対効果を考える必要があります。自社の守るべき情報資産、セキュリティ対応能力の現状、ベンダーを利用することによって期待される効果などを経営層や関連部門にきちんと説明できるように準備しておきましょう。

表11 アウトソースの対象（★がついてるものがアウトソースの対象）

役割名称	業務内容
機能分類：情報共有	
社外 PoC	NCA、JPCERT/CC、警察などとの情報連携
社内 PoC	法務、渉外、IT 部門、広報などとの情報連携
リーガルアドバイザー	コンプライアンス・法的内容とシステム間の翻訳
ノーティフィケーション担当	各関連部署との連絡ハブ、情報発信
機能分類：情報収集・分析	
★リサーチャー	定例業務、インシデントの情報収集、各種情報の分析など
★脆弱性診断士（診断担当）	OS、ネットワーク、セキュアプログラミングの検査・診断
★脆弱性診断士（評価担当）	OS、ネットワーク、セキュアプログラミングの診断結果の評価
★セルフアセスメント担当	平時のリスクアセスメント、有事の際の脆弱性の分析、影響の調査
★ソリューションアナリスト	ソリューションマップの作成、リスク評価、有事の際の有効性評価など
機能分類：インシデント対応	
コマンダー	CSIRT 全体の統括、意思決定、情報連携
★インシデントマネージャー	インシデントの対応状況の把握、コマンダーへの報告、対応履歴把握
★インシデントハンドラー	インシデント現場監督、セキュリティベンダーとの連携
★インベスティゲーター	論理的思考・分析力・自組織内システム理解力を使った内偵
トリアージ担当	事象に対する優先順位の決定

★フォレンジック担当	証拠保全、システム的な鑑識、足跡追跡、マルウェア解析
機能分類：自組織内教育	
教育担当	自組織内のリテラシー向上、底上げ

※日本シーサート協議会「セキュリティ人材の定義と確保（Ver.1.5）」参照

＞ 2 適したベンダーを探す

　最近、大手のベンダーは、無料のシンポジウムやプログラムなどを提供しています。いくつか参加してみて、自社に合うものを探してみるのもよいでしょう。一般的なトレンドについての講演から、かなり具体的な演習までさまざまなコンテンツがあります。その他にも、セキュリティに関する動画を無料公開しているベンダーもあります[7]。こうした情報を参考にしてもよいでしょう。

　なお、シンポジウムや Web などに紹介されている他社導入事例はもちろん見ておくべきですが、それだけではわからないセンシティブなところは NCA などのコミュニティから情報収集するとよいでしょう。

＞ 3 プランニングは自社で保持する

　ただし、何をアウトソースするのかという意思決定は、自社で戦略的に考える必要があります。他の章でも説明しているように、**技術的な面はある程度アウトソースしても、司令塔的役割に制御・調整といった機能は自社で保持しておかなければなりません**。「教育や技術面はベンダーにお任せ」といっても、社会に対するサイバーセキュリティ上の責任は、しっかりと果たす必要があります。また、自社の人材にとって必要な能力とその教育方法に

---

* **7**　https://www.trendmicro.com/ja_jp/security-intelligence/research-reports/learning/video.html

ついての計画は、CSIRT もしくはセキュリティ部門が中心となって考えて
いくべきでしょう。

6-07 平時のCSIRT間の交流

インシデント情報の共有は難しい面もありますが、情報共有することでインシデントが解決に向かったり、必要な情報を得られたりすることもあります。平時における啓発活動やCSIRT の運営についても情報の共有が行われています。

〉 1 情報共有のメリット

　自組織のインシデントについての情報を他の CSIRT と共有することは、企業秘密の保全との絡みもあってなかなか難しいものです。その一方で、<u>自組織だけで閉じていては解決できなかったり、必要な情報が得られなかったりすることもあります</u>。他の組織も影響を被っていると思われるインシデントのうち、公開して差し支えない事案については、多くの CSIRT が積極的に相談や情報提供を行っています。

　例えば、情報漏えいがないかどうか、常に自組織を観察している CSIRT があります。そのような CSIRT では、他の組織の情報漏えいを発見した場合でもためらうことなく相手に連絡し、情報を共有しています。情報漏えいに限らず、Web の改ざんなど他のインシデントでも情報共有する例はたくさんあります。もちろん、いずれも見返りとはまったく無関係で、助け合いの気持ちからです。

〉 2 平時における情報共有

　インシデント発生時だけでなく、平時から情報共有に努めている CSIRT の事例もあります。

　CSIRT が中心となって組織内部向けにセキュリティのワークショップを実施しているところはたくさんあります。A 社の CSIRT（以下 CSIRT　A）

とB社のCSIRT（以下CSIRT B）もそうしたチームの一つでした。両者の
メンバーがCSIRTの交流会に出席したとき、それぞれワークショップを開
催していることを知りました。それがきっかけとなって、CSIRT Aのワー
クショップではCSIRT Bのスタッフがスピーカーを務め、その逆も行われ
るようになりました。これは、インシデント対応のノウハウが共有できるよ
うになったことを意味します。

　情報共有はインシデントだけとは限りません。CSIRTの運営について悩
むこともあるでしょう。そんなときはセキュリティのコミュニティに参加し、
相談してみてください。運営上の問題を取り扱うワーキンググループがあり、
そこで解決策を参加者同士で話し合ったり、ガイドラインを作成したりして
いるコミュニティもあります。

　例えば、NCAはほぼ毎月のようにワークショップを開催して、会員同士
の交流を図っています。FIRSTでは定期会合（年1回）と世界各地での技
術会合を実施しています。これらは悩みを持つCSIRTの相談の場にもなっ
ています。また、NCAのワーキンググループなどでは共通の課題に関して
議論を行い、各種ドキュメントも発表しています。FIRSTでもSIG（Special
Interest Group）というグループから各種フレームワークを作成・提供して
いるので、これらの情報を活用するのもいいでしょう。

第6章　CSIRTの運用事例

インシデント対応では法執行機関と連携する場合があります。法執行機関の協力によってはっきりする事実もあります。ここでは Web サーバの改ざん事件を例に、事案発覚から被害相談、警察による対応に至るまでの具体的な流れを追ってみましょう。

> 1　事案発覚

　東京都内に本社がある A 社は Web サイトを公開していました。また、A 社は Web サーバの改ざんチェックをしてくれるサービスを C 社に依頼していました。

　202X 年 4 月 10 日、C 社から「Web サイトが改ざんされたことを検知した」との連絡が A 社の CSIRT メンバーにありました。CSIRT メンバーが Web サイトを確認したところ、攻撃者によって A 社の Web サイトのトップページが改ざんされていたのを確認しました。A 社の Web サーバには、B 社と共同で開発した未発表の新製品情報が含まれたファイルが保存されており、このファイルも窃取された可能性があったため、至急被害調査を実施する必要がありました。

> 2　解析状況

　A 社の CSIRT メンバーは、改ざんされた Web サーバのアクセスログや改ざんされた Web サイトのファイル、ファイアウォールのログなどを保存し、解析を実施しました。しかし、A 社ではログなどを 3 年分保存しており、全ての合計容量が数十 GB にもなったので、4 月 12 日、外部のフォレンジック業者である C 社に解析を依頼することにしました。

　C 社は Web サーバの保全を行うため、Web サーバの HDD をコピーし、

A 社の CSIRT メンバーが保存したログなどの提供を受け、詳細な解析を実施しました。その後、C 社は解析を全て終了したので、6 月 1 日、A 社に対して解析結果報告書を提出しました。

C 社から受領した解析結果報告書によれば、以下のことがわかりました。

・Web サーバ上で稼働している Web アプリケーションには 1 年前に公表された脆弱性があった。しかも、修正パッチが公開されていたにもかかわらず適用していなかった。

・結果、Web サーバは約 10 ヶ月前から不正アクセスをされていた

・この不正アクセスをされたときに、バックドアとして新たなユーザ「maintenance」が作成された。このユーザはその後も定期的に不正にログインしていた

また、改ざんされた Web サイトのファイルの更新日時などから、Web サイトが改ざんされたのは 202X 年 4 月 9 日 11 時 30 分と判明しました。そして、その直前の同日 11 時 20 分にはユーザ「maintenance」が不正に Web サーバにログインしていたこともわかりました。

この Web サーバには、複数のファイルが保存されていましたが、機密にすべき情報は A 社と B 社が共同で開発した未発表の新製品情報だけでした。C 社は、Web サーバのアクセスログやファイルの痕跡、コマンド履歴、ファイアウォールの接続ログなどを詳細に調査しましたが、**どのファイルが窃取されたのかは判明できませんでした**。

さらに、Web サーバのアクセスログから、国内の IP アドレス（XYZ プロバイダが保有する IP アドレス）から不正にログインされていることがわかりました。

6 月 3 日、A 社は B 社に対して、（解析からは判明していませんが）B 社と開発した未発表の新製品情報をサイバー攻撃によって窃取されたかもしれない旨を連絡しました。

　A 社の CSIRT メンバーや経営者らは、顧問弁護士から助言を受け、本件被害を警察に届けることにしました。6 月 5 日、A 社の顧問弁護士は、本社を管轄する H 警察署に電話連絡を行い[8]、受付の方に不正アクセスを受け Web サイトが改ざんされ、機密情報を窃取されたと説明しました。すると、サイバー犯罪対策課の担当刑事につないでもらえたので、被害状況を説明しました。

　担当刑事からは、「システム担当者と一緒にログなどを持参して警察署に来ていただき、より詳細に説明してほしい」と言われました。そこで、被害相談をするため 6 月 10 日に警察署に訪問する約束をしました。その際、担当刑事からは、Web サーバへのアクセスログ、Web サイトを構成しているフォルダやファイル、ファイアウォールのログ、ネットワーク構成図を持参するように依頼されました。また、顧問弁護士が、C 社に解析を依頼して解析結果報告書も受領していると伝えたところ、その報告書の写しも持参してほしいと依頼されました[9]。

　6 月 10 日、CSIRT メンバーと顧問弁護士は H 警察署を訪問しました。サイバー犯罪対策課の O 刑事に対応してもらい、持参したログなどをコピーした DVD-R、C 社から受領した解析結果報告書を提出しました。DVD-R については任意提出の手続きが取られました[10]。

　解析結果報告書とは別に、顧問弁護士が作成した「不正アクセス被害に係る被害状況報告書」を併せて提出しました。O 刑事はこれらの資料を受領しましたが、確認のためしばらく時間が必要と判断し、後日質問や捜査の進捗などについて A 社の顧問弁護士に連絡することになりました。

＊ **8**　警察署によってサイバー犯罪に対する総合窓口を設けているところもある。
＊ **9**　フォレンジック解析業者によっては、警察へ解析結果報告書を提供するのを拒むこともあります。解析依頼をする際にはよく確認しておきましょう。
＊ **10**　担当警察官によっては任意提出の手続きを取らないようにするため、持参した CD-R や DVD-R のファイルなどを警察署に保管している解析用パソコンにコピーさせてほしいという場合もあります。

7月10日、O刑事からA社の顧問弁護士に連絡があり、A社のWebサーバの管理者を被害者として供述調書を作成したいと依頼されました。O刑事によれば、供述調書を作成する背景は以下のとおりでした。

> ・7月7日、O刑事は不正アクセスの発信元であるIPアドレスを保有するXYZプロバイダの担当者に連絡したが、90日間しか契約者に割り当てたIPアドレスのログの保存しないと言われた
> ・不正アクセスを実施した日時（4月9日11時20分）から90日後は7月8日であるため、O刑事は早急にXYZプロバイダにログの保全要請を依頼し、ログはXYZプロバイダの担当者によって保全された
> ・XYZプロバイダが保全したIPアドレスの割当ログを警察に提供するためには、裁判所が発付する令状が必要であるため、疎明資料としてA社のWebサーバ管理者を被害者として供述調書を作成する

＞4　被害者の供述調書

供述調書の作成は、通常警察署で行われます。聴取中のメモの作成は通常認められません（認められる場合もあります）。被害企業の被害者ですから身構える必要はありませんが、供述者（この場合はサーバ管理者）の身上や経歴を尋ねられますので、あらかじめ自分の経歴を準備しておくのがよいでしょう。Webサーバの管理者であれば、Webサーバの構成を尋ねられたり、解析結果報告書などから接続元IPアドレスを特定した理由などを尋ねられたりします。これらも準備しておくのがよいでしょう。なお、推測の部分は推測であると前置きした上で供述するのが望ましいです。

事情聴取が終了すると、捜査官（取調官）は調書を作成するので、供述者は、この調書を確認します。異なった内容である部分は訂正や削除を求めることができます。また、供述調書に記載する住所は、本来供述者の自宅住所

を記載しますが、会社の所在地を記載することも認められる場合があります
ので、捜査官に確認しましょう。なお、調書の記載内容に間違いがないと確
認できれば、署名押印をする必要があるので、シャチハタではない印鑑を持
参することを忘れないようにしましょう。

　なお、供述調書は令状の発付のために疎明資料として使用されますが、被
疑者を逮捕し、起訴された場合には、この調書が裁判で証拠として提出され
る場合があります。その場合は、裁判における証拠として被告人に開示され
るため、供述者の氏名等が被告人に認識される可能性があります。被告人、
または弁護人がこの調書を証拠とすることに不同意（刑事訴訟法 326 条 1
項）とした場合には、供述者が証人として出頭する（刑事訴訟法第 143 条）
場合もあります。

　また、裁判が終了した場合は、刑事確定訴訟記録として検察庁にて一定期
間保管され、この確定訴訟記録は、誰でも閲覧することができます（刑事訴
訟法第 53 条、刑事確定訴訟記録法第 4 条参照）。もっとも、供述者の住所、
氏名はプライバシー情報として通常はマスキングされます。

＞ 5　事件のその後

　捜査官は供述調書を作成し、これを疎明資料として裁判所に対して XYZ
プロバイダに対する令状の発付を請求しました。この請求が認められたこと
で令状が発付され、捜査官がこの令状を XYZ プロバイダに持参・呈示した
ことで、XYZ プロバイダは発信元 IP アドレスの契約者情報などを捜査官に
提供することになりました。なお、プロバイダから取得した発信者情報は捜
査情報に該当するため、捜査官がこの情報を A 社に開示することはありま
せん。

　この後、捜査官は提出された発信者情報である発信元 IP アドレスの所在
地の個人・組織に対して連絡します。そして、任意提出を求めるか、別途令
状の発付を受け、発信元 IP アドレスに接続されていた端末を押収し調査・
解析します。本件では、発信元 IP アドレスの保有者であった D 社の担当者

から端末の任意提出を受け、調査しました。しかし、この端末は、いわゆる踏み台として悪用されており、そこからさらに、接続元を追うことはできませんでした。しかし、このD社の端末には、A社がB社と開発した未発表の新製品情報ファイルが保存されており、攻撃者はこの情報を入手したと考えられます。

図6-05　踏み台サーバを悪用してサイバー攻撃

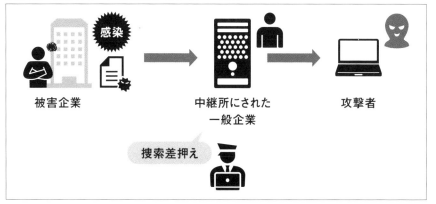

＞ 6　考えられる対策

この事案を通じて、被害の発生から警察との連携までどのように行うかといった一般的な流れを解説しました。ただし、各都道府県警や警察署によって対応は異なるため、常にこの説明通りの流れになるわけではないことに留意してください。

この事案では、国内にあるD社の端末が踏み台にされ、この端末上に窃取されたファイルが残存していたため、被害状況を把握することができました。しかし、このような事案は稀であるため、Webサーバやファイル共有サーバから窃取されたファイルが判明するようなソリューションを導入することが望ましいでしょう。

6-09 活動拠点が各地にある企業の運用例

全国各地に拠点がある企業では、各地のキーパーソンで連携するといった試みが効果を上げた例があります。また、親会社と各拠点の典型的な関係は2種類考えられます。それぞれのメリットを理解しておきましょう。

〉1 各拠点のキーパーソンから情報を集約する

全国各地に営業拠点を持つA社は、どこかの支社でインシデントが起きたことを耳にしても、対応は現場に任せきりでした。一方、現場では情報管理の規程に従ってインシデント対応を行っていましたが、どこも何らかのセキュリティ上の問題を抱えて孤軍奮闘していました。

もっぱら本社のインシデント対応を行っていたA社のCSIRT（以下、CSIRT A）は、各地の支社の状況を知り、自分たちが中心となってインシデントへの対応ができないものかと考えました。CSIRT Aはまず支社を訪ねて、どのような問題があるのか聞き取り調査を行いました。このインタビューを通して、**支社ごとにセキュリティのキーパーソンを見つけ出し、メールなどでたびたび情報交換するようになりました**。

このような地道な活動は、次第に成果となって現れていきました。インシデントが起きたときは、キーパーソンなどからCSIRT Aに報告が届き、インシデント対応へのサポートにつながるようになりました。さらに、どの支社でも情報セキュリティに対する理解が進んで、インシデントに関する情報や課題がスムースにCSIRT Aに集約されるようになったのです。

これは拠点が国内に展開している企業の例ですが、海外に支社や子会社を持つ企業でも同様の事例がたくさんあります。

＞ 2　活動拠点とCSIRTの類型

本社を中心とするタイプ

　まず、本社のCSIRTを中心に、それぞれの拠点にもCSIRTがある、もしくはセキュリティ担当者がいるという形です（図6-06）。物事はトップダウンで行われるため、情報の伝達・集約はスムースです。

図6-06　本社を中心にそれぞれCSIRTがある形

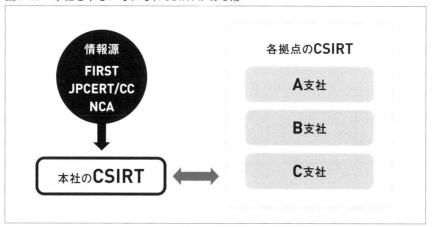

各拠点が相互連携するタイプ

　もう一方は、各拠点のCSIRTが相互に連携している形です（図6-07）。CSIRT同士の交流が進んで、インシデント解決のための協力関係が作りやすくなります。拠点のCSIRT同士で連携することが多いため、本社のCSIRTの負担は軽くなります。

図6-07 各拠点のCSIRTが相互に連携している形

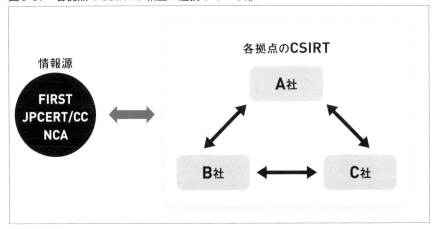

ハイブリッド型と"Follow the Sun"

　これら二つのハイブリッドの組織もあります。特に、海外拠点のCSIRT には言語、文化、時差などのハードルが存在するため、急を要するセキュリ ティ施策はトップダウン方式にする一方、インシデントへのサポートや運営 上の課題は横のつながりを利用する、といった具合に組み合わせる例もあり ます。

　世界のあちこちに拠点のある企業の中には、"Follow the Sun"（太陽を追 いかける）と呼ばれる方法でインシデント対応を行っているところもありま す。これは時差をうまく利用しながら、拠点から拠点へと対応をバトンタッ チしていくユニークな方法で、インシデント対応が途切れないという大きな 利点があります。例えば、日本時間で昼間は日本の本社のCSIRTがインシ デント対応を行い、夜になったらヨーロッパの支社に対応を引き継ぎます。 そして、ヨーロッパが夜になったら米国の支社に引き継ぐ……といった具合 です。

情報システム子会社の活用

一部の企業ではグループ企業の情報子会社を活用して CSIRT を運用しているところもあります。こうした情報システム子会社の活用を行っている企業であっても、インシデント対応においては本社がイニシアチブをとることが大切です。

＞ 1 情報システム子会社を活用した CISRT

CSIRT は所属している企業の種類によって、大きく三つのタイプに分けられます（すべての企業・組織に当てはめるわけではありませんが）。まず、IT 系・セキュリティベンダー系の企業の CSIRT なのか、ユーザ企業の CSIRT なのかで大別できます。

さらに、ユーザ企業の CSIRT は、総務部門などを主体とした CSIRT と、情報セキュリティ専門部署や情報システム子会社を主体とした CSIRT に分類できます。ユーザ企業では、CSIRT やサイバーセキュリティに関するリソースをすべて自社内でまかなうことはなかなか難しい場合があります。しかし、グループ企業を持てるくらいの規模の企業だと、傘下の情報システム子会社を活用して CSIRT を構築・運用していることがあります。自社グループのシステムを構築・運用している情報システム子会社の CSIRT ならば、セキュリティについても詳細に把握しており、機敏な対応ができるというわけです。

＞ 2 建設会社 T 社の事例

情報システム子会社の活用は金融・保険、交通・運輸、メーカーなどさまざまな業界で見られますが、ここでは建設業界での CSIRT の事例を見てみましょう。建設業界は人命に関わる危険な作業が多いという特徴もあり、危

機管理に対する関心は高く、平時から災害の発生を想定したBCP（Business Continuity Program：事業継続計画）の策定などが進められています。また、ジョイントベンチャー（JV）、協力会社、専門工事業者などと顧客情報を共有したり、指示書や図面・設計書に基づいて多くの人が同時に業務を遂行したり絶え間ない情報のやりとりが行われています。

　こうしたなか、大手建設業者T社のCSIRTは、本社の情報企画部と、同社の情報システム子会社であるS社にまたがる仮想的なチーム（バーチャルチーム）として構築されました。

図6-08　バーチャルチームであるT社のCSIRT

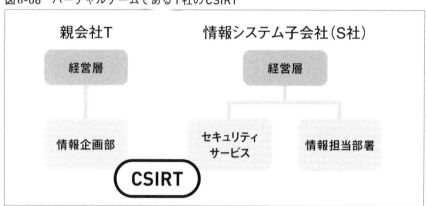

　立ち上げ時のCSIRTの人員は本社情報企画部とS社の双方から選ばれました。選抜方法は本社情報企画部長が指名する形をとりました。全員が他部署とCSIRTを兼任しています。バーチャルチームなので明確な権限は持っていませんが、本社の情報企画部長がCSIRTに深く関わっているので、その権限の範囲内で必要な対策や措置ができます。また、情報企画部は社長室直下に位置づけられているのも特徴です。T社CSIRTの活動内容は、主に次の三つです。

　　（1）全社的な情報セキュリティレベルを向上させる
　　（2）セキュリティ事故発生防止のための監視・検知・警告

（3）事故発生時における技術対応、指示・助言、被害の最小化

T社CSIRTの役割は社内インフラにおけるインシデント対応という組織内CSIRTといえますが、それだけではありません。**顧客情報を共有する立場である関係会社、JV、協力会社、専門工事業者もその活動範囲に含まれます**。協力会社を含めた情報共有は、情報管理体制台帳を作成してクラウドで管理をする方法をとっています。これによって、誰がどのPCを使って情報を扱うのかを「見える化」し、セキュリティを高めています。

＞ 3　T社におけるCSIRT構築の過程

T社CSIRT構築までの道のりは、大きく二つの段階に分けることができます。第1段階はCSIRT構築以前で、情報関連規程の整備から全社的リスクマネジメント推進のためにCRO[11]事務局が設置されるところまでです。このCRO事務局には、情報企画部長が臨時メンバーとして参加するように規定されていました。

第2段階はCSIRTの存在を知り、行動規範としてのソーシャルメディアポリシーを制定して、CSIRTを実装していくまでです。すでに、第1段階でリスクマネジメントの仕組みは規程上では整えられていました。しかし、実際にインシデントが発生すると素早く対応ができない状態でした。どういう経路でインシデントを報告し、誰がその対応をするのかが組織として十分理解されていなかったのです。

その頃、CSIRTというものの存在を知った担当者は、このCSIRTという枠組みを組織全体に周知させることで、窓口を一本化し、迅速に情報を集約するようにしました。CSIRTという言葉は社内外に対しても使い勝手がよく、また「チーム」という言葉は、本社情報企画部と情報システム子会社それぞれに所属するメンバーの一体感を形成することに役立ちました。

＊11　**CRO**：Chief Risk Management Officerの略。最高危機責任者。

そして、ソーシャルメディアポリシーが制定されるとともに、情報管理関連規程が一部改正され、CSIRTが実装されるようになったのです。CSIRTは重大インシデント対応を行う「組織体」として規程上にも明記されました。規程にCSIRTをどのように位置づけるかについては、事前に経営企画部としっかりと調整を重ねました。重大インシデント対応はCSIRTのサービスでいえば事後対応サービスですが、事前サービスや品質管理サービスも平時の業務として位置づけました。**このようにインシデント対応に関するサービスだけでなく、他のサービスに速やかに展開できるのも、自社グループの情報システムを熟知した情報システム子会社ならではのポイントでしょう。**

❯ 4　情報システム子会社を活用する際のポイント

　情報システム子会社を活用する場合、本社がイニシアチブを取り、CSIRTに関する規程や組織体制を明確にすることが大事です。さらに、バーチャルチームという形でも（そういう形だからこそ）チームとしての一体感を持つこと、企業グループ全体で情報やセキュリティが重要だという価値観が共有されていることも重要です。逆に、情報システム子会社に丸投げで、本社としてのサイバーセキュリティ対策への主体的取り組みが十分ではない場合、CSIRTの機能も限定的なものにならざるを得ません。本社としての権限と責任を担保したうえで、技術的な側面を中心に情報子会社のナレッジとスキルを活用し、グループ全体としてのサイバーセキュリティを向上させていきましょう。

CSIRT、延いてはセキュリティはコストだと捉えることが多々あります。しかし、コストと捉えられていては、予算の増減により本来必要なセキュリティ予算まで削られてしまいかねません。特にインシデント対応やセキュリティは予算化がしづらいことも影響します。

そこで CSIRT の活動はコストに対して効果が高いと考えてみましょう。インシデント対応は被害を最小限に抑えることが目的です。もしくは、大量の個人情報や営業機密などの漏えい、それによる自社製品への影響などを起こさないようにすることも目的です。被害を最小限に抑えられればコスト削減につながりますし、大規模インシデントが発生しなければ莫大な損失を防ぐことになります。つまり、インシデント対応は最終的には予算削減につながる活動となります。また、インシデントが起きてしまった要因の中で、セキュリティ対策の改善につながっていくものもあるでしょう。これはコストの削減と組織の改善につながる活動といえるでしょう。

また、CSIRT の活動があることは、組織に対する信頼になります。情報漏えいや機密情報漏えいが多発するこの時代では、インシデント対応組織は常識です。CSIRT があることで、外に対する組織ブランド力の向上にもつながります。

もちろん、上記はちゃんと機能している CSIRT がある、作ろうとしているという前提のお話です。

第 **7** 章

CSIRTの発展
「xSIRT」の設置

7-01 製品やサービスのセキュリティを担う PSIRT

サイバーセキュリティが担うべき領域はもはやコンピュータだけには留まりません。プロダクトやそれらを作り出す工場にまで及んでいます。こうした領域を守るために、「PSIRT」をはじめとする xSIRT の概念が注目されています。

> 1 xSIRT の背景

CSIRT に期待されることは、組織内で有するさまざまなシステムでインシデントを発生させないことや、発生時の早期対処にあります。その対象となるシステムは、あくまでも組織内の（主に業務に使用する）インフラです。しかし、**システム化・プログラム化された領域は「コンピュータ（Computer）」だけではなく、事業として展開している製品やサービスである「プロダクト（Product)」、さらにはプロダクトを作り出す「工場／生産（Factory／Manufacture)」の領域にも及んでいます**。

Computer Emergency Response ／ Readiness Team としての CSIRT であれば、セキュリティに関しては CSIRT に集約をするという考え方もあります。しかし、対象とすべき領域はそれぞれの組織の事業や構造、成り立ちなどによっても異なります。**こうした背景から、PSIRT や F/MSIRT（233ページ参照）といった xSIRT の構築が進んでいます**。

> 2 PSIRT とは

CSIRT は組織のインフラ（いわゆる情報システム関連）を対象にしているのに対して、**組織が提供する製品やサービスのセキュリティ活動に焦点を当てた組織が「PSIRT（Product Security Incident Response Team)」です**。

図7-01　CSIRTとPSIRTの相違

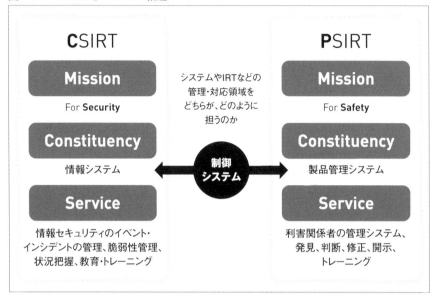

私たちが利用する製品やサービスは、多機能化、利便性向上などにともない、より複雑な構造になっています。例えば、洗濯機がない時代は手洗いで服を洗い、すすぎ、水分を減らし、干して乾燥をしていましたが、今では服を洗うことから乾燥するまでの選択の一連のプロセスを一台の機械でできるようになりました。これは多くの開発者の知恵や努力の結晶で開発されたものであり、洗濯機がプログラム化された結果でもあります。

このように、私たちが利用している製品の中には多くのプログラムが存在しています。では、もし製品にプログラム上の欠陥（＝脆弱性）があった場合、提供している組織の誰が、どのように対処するのでしょうか。また、組織が開発・販売している製品が継続的に更新される場合や、取り扱う製品自体が増える場合など、組織として製品に対する一貫したセキュリティ対策をどのように行うのでしょうか。

製品の利便性が向上すればするほど製品はより複雑になり、複雑になればなるほどより一層のプログラム化やステークホルダーの増加などが考えられ

ます。すると、インシデントが発生した際には、対応が一層複雑化するとも考えられます。こうした背景のもと、IoT 時代の現代において、製品やサービスのセキュリティを考える上で「PSIRT」が欠かせなくなってきたのです。

〉3　PSIRT はどのように構築するのか

PSIRT の組織的な基盤構築において重要な点は、これまで述べてきた CSIRT のそれと同様です。経営層の理解、リソースの確保やミッション／サービス／活動範囲などを組織内で定義・承認することが必要になります。

CSIRT の構築と異なる点は、製品やサービスが提供不能になると事業に直接的な影響を及ぼすことや、製品の開発部門やサプライヤーなどを巻き込んでいくことなどです。ステークホルダーは製品・サービスに関わる人や部署のため、関係者の特定は CSIRT より容易かもしれませんが、より複雑になる可能性もあります。また、組織の規模が大きくなればなるほど、情報システム部門と開発部門では決裁権者が異なるため、指揮系統や対応ルールなどを明確にしておかないとインシデント発生時に混乱が生じる可能性があります。そのため、PSIRT 構築には（既存の CSIRT が存在する場合には特に）経営層のリーダーシップがより一層欠かせません。

PSIRT 構築時に参考にできるガイドやフレームワークは多くはないですが、FIRST が提供している「PSIRT Services Framework[1]」が、PSIRT の能力や機能を組織で構築する上で大きな助けとなります。このフレームワークでは PSIRT の構築モデルや提供するサービスなどの記述が行われています。

＊1　https://www.jpcert.or.jp/research/psirtSF.html

❯ 4 三つのPSIRT実装タイプ

PSIRTの実装の仕方には、大きく三つのタイプがあるとされています。

一つ目は「分散型」です。既存の組織を活用します。PoCや対応フローを明確にすることによって、組織内の調整や組織外の連携の要として構築します。二つ目は「集約型」です。PSIRTが提供するサービスや機能を集約し、組織の製品やサービスのセキュリティを担います。また、それぞれの良い点や、組織として運用しやすい点を採用した「ハイブリッド型」もあります。

表12 PSIRT実装タイプのメリット・デメリット

分散型	
概要	窓口やコーディネーション機能などを整備して、PSIRTのサービスを既存の組織体制に当てはめるモデル
メリット	既存の組織体制や権限、決裁フローなどを活かせるためPSIRTの構築が比較的容易である
デメリット	既存の組織や権限を活用するため、活動しにくく、PSIRTの機能が浸透しない可能性がある
集約型	
概要	PSIRTの機能を集約し、すべてのサービスを提供するモデル
メリット	製品セキュリティに関する体制集約されるため、PSIRTのサービスを提供しやすい
デメリット	既存の体制を見直す必要があるため、PSIRTの構築に時間を要する可能性がある
ハイブリッド型	
概要	新しい組織体制の整備や既存の組織体制への適用をPSIRTのサービスごとに検討して提供するモデル
メリット	既存の組織体制を活用でき、PSIRTの提供するサービスが明確化される
デメリット	サービスごとに区分すると、部署によって活動の重複が生じる可能性がある

第7章 CSIRTの発展「xSIRT」の設置

PSIRTが提供するサービス

PSIRT が提供するサービス（エリア）については、大きく分けて「ステークホルダーの管理」「発見」「トリアージ」「修復・対策」「開示」「教育・トレーニング」の六つの領域があります。ここではそれぞれのサービスの概要を確認しましょう。

＞ 1 ステークホルダーの管理

ステークホルダーごとの要求を理解する

　PSIRT で最も重要なのがステークホルダーの管理です。一つの製品を作り展開するにあたっては、多くの関係者が助け合い、連携し合っています。その連携は組織内だけではなく、サプライヤーやビジネスパートナーなど組織外のさまざまな関係者も含まれます。PSIRT は製品やサービスの欠陥というより機微な情報を取り扱うため、ステークホルダーの把握が特に欠かせません。**ステークホルダーが適切に把握できていないと、届けるべき人に情報が届かず、届けなくてもよい人に情報が届いてしまうなど、適切な情報連携が行われず組織内外で混乱が生じる可能性があるからです。**

　各ステークホルダーが必要としている情報の内容やスピード感はそれぞれ異なります。例えば、開発を行っている部署と製品を販売している部署では、インシデント発生時に求める情報が異なります。開発部門では製品の改修や更新が必要となるため、より技術的で細かい情報を求めます。一方、販売する部署ではお客様に情報を伝えるため、技術的な内容よりも対外的にどのような説明をすればよいのかを優先的に求め、技術的な情報は求めない場合があります。同じ技術情報が共有されたとしても、ステークホルダーによっては情報過多であったり、共有されても理解できなかったりします。このように、**コミュニケーションの方法や内容、タイミングなどがステークホルダーごとに変化するため、それぞれの要求や期待を事前に理解し、インシデント発生時に適切に情報連携が行える体制を整備することが、PSIRT の大切な**

活動です。

コミュニティと連携する

　また、<u>ステークホルダーの連携や脆弱性管理をより充実、迅速化させるためにコミュニティとの連携も大切です</u>。例えば、自動車のエンジンは言うまでもなくさまざまな部品を組み合わせて作られています。それぞれの部品ごとに製作者、検証者、情報収集担当、部品自体に興味・関心がある人、研究者などが存在し、同時にさまざまなコミュニティが存在します。さらにいえば、自動車はエンジン以外の商材や部品も搭載されて作られており、ここにもさまざまな人やコミュニティが存在します。<u>このような人やコミュニティと連携しておくことによって部品のさまざまな情報を取得でき、障害対応だけではなく、新しい製品や更新時にも有効な情報として活用できます</u>。

　さまざまな部品を用いて製作されたエンジンは、さまざまな種類の自動車に搭載されたり、提携している組織へと提供されたりします。このような製品のプロセスの上流と下流、それぞれの人やコミュニティと連携し、製品やサービスのセキュリティや質を向上させる活動もPSIRTの大切な活動です。

　このステークホルダーの管理は、「サイバーセキュリティ経営ガイドライン」などでも叫ばれているサプライチェーンマネジメントにつながります。PSIRTの構築や運用は組織のサプライチェーンマネジメントの課題を解決する一つの方法であるともいえます。

＞ 2　脆弱性の発見

　<u>製品の脆弱性を発見し、特定するための活動もPSIRTには重要です</u>。製品やサービスの脆弱性を見つけるきっかけは大きく分けて二つです。一つは自組織で発見する場合、もう一つは外部の人やコミュニティ、組織などが発見する場合です。特に、外部との連携をともなう発見にはPSIRTとしての準備が必要です。

　まずは、脆弱性報告を受け付けるための窓口を設置する必要があります。

このとき、既に CSIRT がある場合は、その PoC としての組織内における役割や活動などを確認しておくことが大切です。そして、脆弱性報告の質や内容にブレが大きく生じないように、脆弱性報告の方法や形式なども定義しておきましょう。

　脆弱性報告を受け付けられる体制が整備されたら、自分たちで製品の脆弱性がないかどうかをより活動的に発見に努めることも PSIRT の役割です。具体的には、国際的なカンファレンスへの参加や脆弱性発見者、研究者などとの交流や契約、さらには脆弱性に関するサイトなどの確認を行い、情報収集に努める必要があります。

　そもそも、**脆弱性を見つけるためには、その製品やサービスが何のコンポーネント（部品や商材など）で実装されているのかを把握しておかなければなりません**。製品独自のコンポーネントなのか、組織内（委託先を含める）の管理下にあるコンポーネントなのか、サードパーティ製なのかを分類したうえで、それらのコンポーネント管理表を整備しておくことが必要です。現代の開発において、スピードや容易さの観点などから OSS（Open Source Software）を利用することが多くなっています。自組織で管理を強化することも必要ですが、業界や国内全体の課題として OSS の管理強化には努める必要もあります。

　脆弱性報告がなされたら、対策に向けてその報告の真偽や製品への影響を分析します。脆弱性を再現するための環境整備や、分析で使用するツールなども整備しておきましょう。なお、報告のあった脆弱性情報は蓄積します。脆弱性情報の蓄積は、同様の問題の発生を防ぎ、対応のノウハウを後に残してくれます。さらに、脆弱性報告の多い製品の傾向などを把握することで、脆弱性を生み出さないより安全な製品の開発に役立ちます。

＞ 3　トリアージ

　複数の案件が発生した場合、CSIRT と同様にインシデントに対する優先順位付けや判断を行う必要があります。案件をトリアージするためにも、組

織として対応できる能力を見定めながら、脆弱性の認定基準を定義し、トリアージできる環境を整備しましょう。

＞ 4 　修復・対策

　発見・分析がすんだら、必要性に応じて脆弱性に対応します。具体的な対応内容にはパッチの作成、情報発信、ユーザ対応などがありますが、これらをどのように行うのかはさまざまで、スピード感やタイミングは脆弱性によっても異なります。

　修復したモジュールやコンポーネントの提供方法の検討も必要です。利用者が気にせず更新を行うことが可能なのか、それとも利用者がインストールや適用の作業を行わなければならないのか、はたまた直接訪問しての対応が必要となるのかなどが考えられるでしょう。また、スピード感の中にも繊細さが求められていることも忘れてはなりません。もちろん、脆弱性への対応はできる限り早く提供するに越したことはありません。しかし、修復したと思って提供したモジュールやパッチが既存の製品に影響を及ぼし、製品が動作しない、機能がデグレードするといった事態は防がなければなりません。

　脆弱性対応にともなう製品の劣化や提供方法・タイミングの変化などは、結果的に製品自体の信頼性低下を招きます。**大切なことは、提供内容や方法に一貫性があることです**。また、同じ失敗を繰り返すことは利用者の不信を増大させます。同様の問題を発生させないようにきちんと分析を行い、組織として情報やノウハウを蓄積して PSIRT として、また組織として成長していくことが大切です。

＞ 5 　開示

　脆弱性の対応が進んだ段階か完了した段階で、利用者をはじめとするステークホルダーに説明や情報の開示を行う必要があります。先に述べたとお

第7章　CSIRTの発展「xSIRT」の設置

り、脆弱性情報の開示はステークホルダーの期待や要求に応じ、タイムリーに実施する必要があります。また、組織の脆弱性対応が進んでいない状況で情報が第三者によって開示されてしまうと、社会に混乱が生じます。発見者とは特に連携し、情報をコントロールする必要があります。

　影響度の高い製品の脆弱性については、プレスリリースや Web ページのトップへ記載する、または対象サイトにアクセスしやすいようにするといった対応が望ましいでしょう。組織のトリアージによっては、製品のリリースノートや組織から公開される定期的な運用報告書に脆弱性の情報を含める、さらにはメディアを活用するなどの方法も考えられます。製品の脆弱性をどこにも報告しないことは利用者の信頼を損ない、製品を提供する組織としての説明責任も果たされません。影響度を鑑みつつ、情報開示する方法を検討しておくことが大切です。

❯ 6　教育・トレーニング

　関係するステークホルダーは、製品に関するトレーニングを継続的に実施する必要があります。トレーニングは部署や職種によっても変化します。PSIRT は製品セキュリティを確保するためのトレーニングメニューを検討したうえで、それらを実施する必要があります。

　しかし、組織における教育は部署ごとに検討し、個別にトレーニングを行っている組織も多いでしょう。そうした場合、製品に関わる教育やトレーニングをどのように実施しているのか、現状把握を行うことから始まります。そのうえで、それぞれの立場に沿ったトレーニングを再考しましょう。**特に、PSIRT メンバー向けには技術だけではなく、組織内外の連携に必要なコミュニケーションやプロセスの理解、そして各種ツールのトレーニングなど多岐にわたるメニューを用意する必要があります**。その他にも、PSIRT に関係する組織内のステークホルダーである開発、検証、マーケティング、サポートといった各チーム、そして経営層へのトレーニングも必要です。特に、経営層向けのトレーニングは PSIRT においても CSIRT と同様、組織が冷

静かつ的確に行動するために極めて重要です。

❯ 7　既存の体制の活用

　このように、PSIRTは自組織の製品やサービスに焦点を当てているため、CSIRTとは異なるサービスを提供します。またPSIRTの構築と運用はCSIRTを助けるとともに、組織のサプライチェーンマネジメントへの貢献や製品の安全性向上など、大きなメリットをもたらします。

　日本においては品質を管理・保証する部門が長きにわたり安全面の対応を行ってきました。そのため、**PSIRTを新たに構築するのではなく、既存の製品品質や管理する部門を活用し、PoCやサービス内容、そしてステークホルダーの管理を推進することがPSIRT構築の近道です**。言わばPSIRTを新たに構築するというよりは、既存の体制を可視化し、整理するとした方が特に日本においては適切かもしれません。

CSIRT や PSIRT については世にあるガイドやフレームワークに寄せるのではなく、事業や沿革、既存の体制を考慮した上で、組織に実装することが大切です。各組織でそれぞれの xSIRT をどのように実装していくべきなのか。いくつかのモデルを見てみましょう。

＞ 1　独立連携型

　既存の組織を活かしつつ、それぞれの領域で xSIRT を構築運用するモデルです。**各部門で実施しているセキュリティ対策や責任の範囲などを活用できるので、比較的構築しやすいモデルです。**しかし、課題となるのはどの SIRT にも関連するインシデントが生じた場合です。**事前に対応方法や権限などを明確にしておかないと、重複した対応や判断ができないといった混乱が生じる可能性があります。**そのため、構築自体は簡易的に行ったとしても継続的に話を継続し、責任やルールを定め文書化しておくことが望ましいでしょう。

＞ 2　CSIRT 支援型

　セキュリティを組織内で推進するのは CSIRT の役割と位置付けながら、他の SIRT と連携するモデルです。組織内におけるサイバーセキュリティについては CSIRT の方が長けている場合でも、製品や工場の領域についてはどうしてもわからないことがあります。**そうした苦手な領域を補うために、PSIRT や F/MSIRT を整備して、それぞれで連携して組織内のセキュリティ活動を推進するモデルです。**このモデルの課題は、CSIRT と PSIRT、F/MSIRT の役割分担にあります。**サイバーセキュリティの領域だからといって PSIRT や F/MSIRT に踏み込むことによって、現場からの反発を買**

いかねません。または、CSIRT に依存してしまって PSIRT や F/MSIRT が機能しなくなってしまう場合もあります。そのような事態を招かないように、構築前にきちんと運用方法や対応について議論し、共通認識を組織内で持つことが大切です。

＞ 3　PSIRT 先駆型

　製品の安全性を長きにわたり担ってきた品質管理や保証部門が組織内のドライブ役となるモデルです。**製品のインシデントは直接的に事業に影響を及ぼしやすいため、PSIRT の方が予算を取得しやすい傾向もあります**。この特性を活かして組織内の SIRT を推進していく役割を担います。しかし、情報システムや工場については製品の領域では対応ができないため、それぞれの SIRT と連携してセキュリティ活動を行います。

＞ 4　CSIRT 集約型

　CSIRT に機能を集約するモデルです。組織にとってはこれが一番理想的です。**サイバーセキュリティのプロフェッショナルであるべき CSIRT に機能を集約し、実装することによって、組織全体のリスクを把握できます**。セキュリティを担うのは CSIRT であるとする場合や、製品や工場を担う SIRT にサイバーセキュリティに詳しい人材がいない場合に有効なモデルです。セキュリティの機能を集約することは、責任がより明確になり望ましい体制ではあります。しかし、**製品をリリースするにあたってもセキュリティの検証を CSIRT が行う必要があったり、工場のセキュリティ確認や対応についても支援が求められたりするため、相当の規模と体力を必要とするモデルでもあります**。

図7-02 四つのxSIRT実装モデル

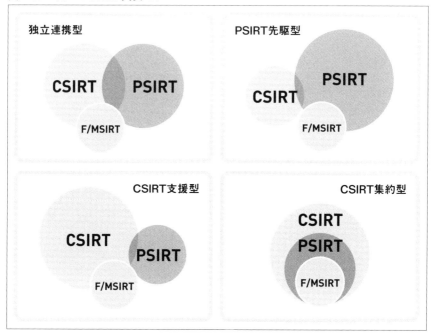

❯ 5 それぞれの組織に合ったxSIRTを

　それぞれのモデルはあくまでも既存のCSIRTやPSIRTを参考にしたものです。必ずしもこの通り作る必要があるわけではありません。また、すべての組織で当てはまらない場合もあります。**大切なことは、組織としてどのモデルに近いのか、そして組織の文化や体制に沿ったxSIRTを構築するためにはどのモデルがよいのかです。**これらを材料に議論するとよいでしょう。

工場セキュリティの鍵「F/MSIRT」

昨今、工場におけるセキュリティ対策の強化が進められています。工場は組織の中においても個性的な部門で、製品を生み出すシステムやプログラムがあるだけでなく、安全面においてより高いレベルで計画・行動がなされています。このような領域はCSIRTだけでは難しい活動も多いことから、サイバーセキュリティの領域も含めた工場セキュリティに対応するチーム「F/MSIRT（Factory SIRTまたはManufacture SIRT）」を構築する動きが出てきています。

F/MSIRTに関するガイドラインやフレームワークは現時点ではありませんが、工場は事業継続や安全面に対する意識が既に比較的高い部門です。また、BCPが整理され、工場としての責任や守る対象も明確なため、いかにしてサイバーセキュリティのエッセンスを既存の枠組みに取り込んでいくかが重要です。PoCをF/MSIRT独自で設けるのか、CSIRTやPSIRTとはどのように連携するのかなどを検討し、サイバーセキュリティの領域の活動に踏み込んでいくことになるでしょう。

工場はクローズドで独自のシステムがあることから、サイバーセキュリティに関しては安全であるとしばしば唱えられてきました。しかし、工場においてもスマート化、オープン化、汎用化などが進む昨今においては、先入観を取っ払い、リスク分析を実施し直す必要があります。また、工場が国内のみならず海外に存在する場合、国内から工場セキュリティを推進するのが難しくなります。国が異なれば法制度も異なるため、各国の法制度の情報をどのように収集・展開するのかなど、CSIRTやPSIRTが支援をしながらF/MSIRTを構築・運用することが必須です。

第 8 章

サイバーセキュリティ
対応の課題

8-01 セキュリティ意識の低い経営者をどうするか

ここでは、セキュリティ意識の低い経営者をどうするかについて考えます。経営的な視点でCSIRTの重要性を捉えると、経営層の意識や行動を変えやすくなるかもしれません。まずは自分自身が自社のビジネスについて理解するところから始めましょう。

＞1　セキュリティの啓発が必要とされている理由

　感度の高い経営層ならば、企業経営におけるサイバーセキュリティの重要性を強く認識し、組織として対処するために、CSIRT構築にも積極的でしょう。しかし、残念ながら、世の中そのような経営層ばかりではありません。政府（経済産業省や総務省、NISCなど）が「サイバーセキュリティ経営ガイドライン」などでその重要性を啓発しているのも、そうした経営層の意識と行動を何とかしなければならないと考えているからだとみることができます。では、なぜ政府はそんなにも経営層の意識や行動を変えたいと考えているのでしょうか。

　理由の一つとしては、**サイバーセキュリティインシデントが、一組織のみならず、国全体の経済や社会の大きな混乱を招きかねないという懸念がある**からです。例えば、すでにメディアなどでも報道されているように、世界各地で重要インフラである金融機関や発電所などが大きな被害にあっています。また、大規模な顧客情報の流出、重要なサービスの停止、ビジネス詐欺メールによる金銭的損失など、一般企業でも、サイバーセキュリティインシデントは、経営上のリスクとして日常的なものになってきました。IoTやFintechといった近年の動向は、そうした現象が発生することの可能性をさらに高めています。こうした事態に対応するために、政府は経営層にセキュリティ意識を持ってほしいと考えているのです。

▷ 2 セキュリティの重要性が理解できない経営者への対応策

　消極的な経営層には、大きく分けて2通りのパターンがあるでしょう。一つは、そもそもサイバーセキュリティとは何か、なぜそれが重要なのかということ自体を十分に理解・認識できず、**「ウチには関係ない」「ITとかわからない、いらない」と思っている場合です**。もう一つは、「サイバーセキュリティが大変なことになっているのはちゃんとわかっているんだけど……」と言いながら、予算面や組織体制面での行動につながらない場合です。

　前者は、**政府やセキュリティ関連団体が行っている情報提供などをもとに、自社（自業界）の状況と関連させながら、「自分ごと」として当事者意識を持ってもらうような働きかけを検討することが大事です**。セキュリティへの取り組みが遅れているという中小企業向けにも情報提供は行われています。例えば、東京都は2016年に「東京中小企業サイバーセキュリティ支援ネットワーク（Tcyss）」を立ち上げ、2017年には中小企業向けガイドブック「中小企業向けサイバーセキュリティ対策の極意」を配布しています[1]。こうしたマテリアルを使えば、経営層にサイバーセキュリティの重要性を伝えていくこともできるでしょう。

　最近では、トータル・サプライチェーン・セキュリティの観点から、大手企業が取引先に対してCSIRT構築も含めたセキュリティの強化を求める場合も増えてきました。こうした行政や取引先といったステークホルダーからの社会的要請が強くなっていることを明らかにすることも、経営課題としてのサイバーセキュリティの重要性を確認してもらう機会になります。

　では、そうした経営層に対して、どのようにしたら、サイバーセキュリティの重要性を伝えていくことができるのでしょうか。**具体的な方法としては「ストーリーテリング」があります**。これは、文字通り物語を通じて情報を伝える手法です。データやエビデンスを見せることはもちろんビジネスの

＊1　https://www.metro.tokyo.lg.jp/tosei/hodohappyo/press/2017/11/09/15.html

基本として大事です。しかし、そうした「論理的」説得が難しい場合は、「感情」に訴えてかけていくことも考えてみる必要があるでしょう。ストーリーテリングは、物語の形をとるので、聞く人の感情に訴えかけることができます。最近の事例を自社に当てはめ、「こんなとき CSIRT があったら」という物語を作ってみましょう。

❭ 3　行動につながらない経営層への対応策

　後者については、組織内に仲間を作ることが大事です。本書では、組織内連携の意義を繰り返し伝えています。Web サービスなどサイバーセキュリティの脅威が仕事に直結するビジネス部門や広報部門、個人情報などセンシティブな情報を取り扱う部門、法務や財務など危機意識を持っている部門のメンバーと連携して、経営層に訴えかけるというのも一つの方法です。複数の部署からの指摘があれば、経営層も意思決定がしやすくなります。組織内で連携するために、自らヒアリングを行ったり、問題意識の高いメンバーと勉強会をしたりして、「草の根活動」を行うことから始める場合もあるでしょう。

　また、いまだに CSIRT をはじめとするサイバーセキュリティ対策をコストとしか認識していない経営層がいるのも事実です。しかし、今や「サイバーセキュリティ対策はコストではなく投資」という考え方が強くなっています。既にメディアで報道されている事案などをもとに、被る損失や逸失利益などを紹介していけば、人ごとではないとわかるでしょう。例えば、JNSA（NPO 日本ネットワークセキュリティ協会）の調査によれば、個人情報漏えいインシデントの場合、2018 年の 1 件あたり平均想定損害賠償補償額は 6 億 3,767 万円と非常に高額になっています（**表 13 参照**）[2]。金額だけでなく、レピュテーション（評判）リスクにも大きく影響します。2014 年に 5,000 万人近い個人情報の漏洩があった企業では、事件発覚前に比較する

＊2　https://www.jnsa.org/result/incident/

と、その後の2年間でのべ100万人以上の顧客を失い、営業利益は約250億円の減少で最終損益も2期連続の大幅赤字、株価はほぼ半値となりました。

　経営層に対してこうした活動をするためには、**まず自分自身が自社のビジネスや戦略、経営層の指向性を理解する必要があるということも忘れないでください**。単に「ウチの経営層はサイバーセキュリティの重要性をまったくわかっていない」と嘆く前に、事前準備をしっかりとしておきましょう。

表13　2018年個人情報漏えいインシデントの概要（JNSA調べ）

漏えい人数	561万3,797人
インシデント件数	443件
想定損害賠償総額	2,684億5,743万円
一件あたりの漏えい人数	1万3,334人
一件あたり平均想定損害賠償額	6億3,767万円
一人あたり平均想定損害賠償額	2万9,768円

インシデントが発生した責任がどこになるのかも、インシデント対応にまつわる課題として挙げられます。ここでは三つの会社がからむ個人情報漏えい事件を例に、情報漏えいの責任を負う可能性があるのはどういった場合か見てみましょう。

〉 1 個人情報窃取の発覚

　大阪府内に本社があり、製造業を営む A 社がありました。A 社は、ネットワーク監視サービスを B 社に依頼して実施していたところ、202X 年 10 月 10 日、B 社から A 社の CSIRT メンバーに対して、「A 社のネットワークから不審な通信が送信されているのを検知した」との連絡がありました。CSIRT メンバーが不審な通信の IP アドレスやプロキシログを確認したところ、H さんの使用するパソコンがマルウェアに感染し、このパソコンが外部と不審な通信をしていたことがわかりました。

　H さんのパソコンでは、遠隔から操作可能なマルウェアが動作しており、**H さんのパソコンを通じて、個人情報が保存されている共有サーバにもアクセスされ、大量の個人情報が窃取されていることが判明しました。**

　結果、A 社は個人情報が漏えいした可能性のある被害者らに対し、ご迷惑をかけたお詫びとして 500 円の金券を送付し、約 1,000 万円の損失が生じました。

〉 2 調査結果と事案の背景

　A 社の CSIRT メンバーが調査したところ、H さんがマルウェアに感染したのは、いわゆる標的型攻撃メールによるものでした。同年の 8 月 1 日、**C 社の担当者から送信された打合せ議事録にマルウェアが添付されており、そ**

れを知らずに H さんが実行したことにより、感染していたのです。H さん
に送付された議事録のファイル名は「議事録.exe」という実行形式ファイ
ルでしたが、Word ファイルのアイコンが付与されていたため、H さんは気
づかずにダブルクリックしてしまい、「議事録.doc」とマルウェアの両方が
実行されてしまいました。しかも、画面上には「議事録.doc」が表示された
ため、H さんはマルウェアが実行されたことに気づきませんでした。

図8-01　左が議事録.doc、右が議事録.exe

議事録.doc　　　　議事録.exe

　A 社の共有サーバには、アクセス制限が設定されており、重要なファイ
ルにアクセスする際は、他の情報と区別されているフォルダにアクセスしな
ければなりませんでした。しかし、H さんはこのフォルダとファイルへのア
クセス権限があり、しかも H さんのパソコンが乗っ取られてしまったため、
攻撃者は共有サーバに保存されている個人情報ファイルにアクセスすること
ができました。また、A 社ではパソコンの情報資産管理ツールを導入して
おり、H さんのパソコンの OS やウイルス対策ソフトの更新ファイルは最新
の状態になっていました。A 社では、共有サーバへアクセスした際のアク
セスログはすべて保存されるようになっていましたが、ログの容量が膨大に
なるため、1ヶ月程度で自動的に削除されるようになっていました。そのた
め、今回、流出した個人情報の件数を特定することができませんでした。
　H さんにマルウェア付きのメールを送信した C 社では、9 月 1 日頃、会社
のいくつかのパソコンがマルウェアに感染していることに管理者が気づきま
した。C 社の担当者は、すぐに感染したパソコンをクリーンインストールし
たため、C 社の取引先などに標的型攻撃メールを送信しているかの確認をす
ることができませんでした。

また、8月1日以降、マルウェアに感染したHさんのパソコンが定期的に外部のC&Cサーバと通信を行っていましたが、ネットワーク監視サービスを提供するB社ではこの通信を検知することができませんでした。**ネットワーク監視機器を管理しているB社の従業員のミスにより、アップデート漏れがあったからです**。10月10日、ようやくミスに気づきアップデートをしたところ、本件の不審な通信を検知することができたため、A社のCSIRTに連絡した、という経緯がありました。

図8-02 事件の時系列

8月1日	A社のHさんが、C社の担当者から標的型攻撃メールを受領。添付ファイルを開いてしまい、マルウェアに感染する。
9月1日	C社のシステム担当者が、社内のパソコンがマルウェアに感染していることを確認。クリーンインストールを実施したため、取引先に標的型攻撃メールを送信したかどうかは未確認。
10月10日	ネットワーク監視サービスを提供しているB社がミスにより行われていなかったネットワーク監視機器のアップデートを実施。A社のネットワークから不審な通信が送信されていることを検知する。

＞ 3 責任はどこに？

A社の責任

個人情報が漏えいしてしまったことから、被害者らからA社に対しさらなる責任追及をすることが考えられます。A社は個人情報が保存されている共有サーバにおいて、重要情報は他の情報と区別してアクセス制限をかけており、パソコンも常時最新状態が保たれるように管理していました。しかし、各従業員に対して添付ファイルに注意することやどのような標的型攻撃メールがあり得るのかという教育や訓練は実施していませんでした。

　A 社は、流失した情報の機微性といった要素を考慮したうえで、**個人情報を管理するために必要なセキュリティ対策を施していなければ、責任を問われる可能性があります**。この必要なセキュリティ対策というのは、時代の情勢や同業他社の対応状況などに大きく左右されてしまいますので、ある時点での必要なセキュリティ対策は何かという基準がないのが実情です。そのため、保護すべき情報の価値、流出時の影響、予算や人的リソース等も考慮しつつ、対策を施しておく必要があります。その際には、世間一般の対策状況、同業他社の対策状況、CSIRT 同士との情報交換や、本書でも紹介している各種ガイドラインなどを参考にするといいでしょう。

B 社の責任

　B 社は、A 社のネットワークを監視するサービスを提供していましたが、B 社の従業員のミスにより、ネットワーク監視機器の状態が最新に保たれていませんでした。仮に最新状態に保たれていれば、本件の不審な通信をより早く検知することができました。**このタイムラグのために被害が拡大したといえる場合には、B 社は A 社に対して責任を負う可能性があります**。また、A 社と B 社との契約関係に責任制限条項が存在した場合であっても、B 社の従業員のミスが故意に匹敵するほどの重過失といえる場合には、当該条項の適用が否定される可能性があります。

C 社の責任

　今回、C 社がマルウェアに感染し、攻撃者が C 社のパソコンを経由してマルウェア付きの標的型攻撃メールを A 社の H さんに送信したことにより、H さんのパソコンが感染してしまいました。しかし、**C 社の業種や規模などを考慮して必要なセキュリティ対策を実施していたといえるならば、A 社に迷惑をかけたとしても責任を問われる可能性はほとんどないでしょう**。

　C 社が、A 社を含む取引先に対し、遠隔操作による標的型メールが送信されたかどうかを調査していなかった点はどうでしょうか。この点については、そのような取引関係における業務活動上の付随義務として、クリーンインストールを実施する前に感染したパソコンすべてを調査して、取引先に対して

通知・連絡する義務まで負っていたとすることは考えにくく、これをしなかったことに対する責任を問われることも考えにくいでしょう。

　これらのことから、C社が責任を問われる可能性はほとんどないかもしれません。もっとも、最低限の対応・対策をとっていなければ、法的な責任を負う可能性はゼロではありません。また、取引先との今後の関係を考えても、最低限の対応・セキュリティ対策をとっておく必要があると考えられます。

8-03 インシデントが起きなければ CSIRTは必要ないのか

組織のセキュリティ意識・対応能力が高まるとインシデントが発生しづらくなり、かえってCSIRTの存在意義が問われるようになります。しかし、サイバーセキュリティに終わりはありません。組織に合った業務範囲の拡大を模索しましょう。

≫ 1 CSIRTの成熟ゆえの問題

2019年8月現在、NCAに加盟する組織数は368です。最近できたCSIRTも多いですが、いくつかの歴史あるCSIRTが歩んできたプロセスを見ると以下のようになります。

（ i ）構想フェーズ

- ・組織の内外で何らかの問題が実際に起こる
- ・経営層など組織の意思決定者が何らかの脅威を感じる
- ・サイバーセキュリティに関わる現場が危機感を感じる
- ・CSIRTの存在と重要性を認識する

（ ii ）構築フェーズ

- ・セキュリティ現場の働きかけ、もしくは経営層の命令でCSIRTが構築される

（iii）運用フェーズ

- ・インシデントが発生していないときのCSIRTの運用が問題になる
- ・CSIRT構築時から時間が経過し、現状と環境が異なってくる
- ・組織としてCSIRTの運用コストの評価が議論になる

セキュリティ意識が向上してインシデントが発生しにくくなり、組織としてのセキュリティ対応能力が高まってくると、皮肉なことに、CSIRT の存在意義が問われるようになります。

＞ 2　業務範囲の拡大とその考え方

　ある老舗の CSIRT では、立ち上げ当初はワーム対応に追われ、それが落ち着くと USB 紛失事案などが発生していました。しかし、「大きなインシデントが見当たらないときは CSIRT として何をすべきか」という課題に直面しました。そこで、**CSIRT の業務範囲を少しずつ拡げていったのです**。最近、CSIRT の R に "Response"（事後対応）だけでなく "Readiness"（事前準備）という意味が加わるようになりましたが、こうした CSIRT としての職務定義の拡大とリンクしているといえるでしょう。

　職務範囲の広げ方は、それぞれの組織が置かれている状況によってさまざまです。例えば、教育訓練や啓発活動を通じて現場のリテラシーを向上させる、情報収集のためのインテリジェンスを強化する、SOC や危機管理部門との連携を強化する、業界全体のセキュリティ活動への貢献や後発の CSIRT への支援をする、などが考えられます。類似の状況にある他社事例などを参考にするとよいでしょう。

　ただし、**組織（チーム）の存続を自己目的化しないように気をつけましょう**。グループダイナミクス（集団力学）という研究分野では、集団には自己を維持するというメンテナンス（M）機能があるとされています。今自分たちが所属する集団をこれからも維持していきたいという欲求は、社会心理学から見ても当然のことなのです。一方、集団には目標を達成するというパフォーマンス（P）機能もあります（リーダーシップ研修などで「PM 理論」という言葉を聞いたことがある人もいるかもしれません）。チームとしての目標達成、言いかえればミッションを忘れてはいけいけません。

＞ 3 サイバーセキュリティに終わりはない

　サイバーセキュリティ上の脅威は日々進化し、毎日のように新たな攻撃が発生しています。それに対応するには、CSIRT側も進化し続けるしかありません。**サイバーセキュリティの追求に「これで終わり」ということはないのです。**

　むしろ、これからIoTの進展、制御システムセキュリティなど、フィジカル（モノ）の世界とサイバーの世界の融合が進み、どんな組織にとってもCSIRTの役割はますます重要になってきます。モノのセキュリティに注目したPSIRTを構築しようという動きが出てきたこともこうした状況の一環です。CSIRTがPSIRTを兼ねるにしろ、新たにPSIRTを構築してCSIRTと連携するにしろ、CSIRTの重要性は高まりこそすれ、「CSIRTはいらない」ということにはならないでしょう。

　ただし、CSIRTという名前は変わるかもしれません。少なくとも、当初「レスポンス（Response)」のみの意味だったCSIRTの"R"は、事前準備という「レディネス（Readiness)」、そして事後の回復力という「レジリエンス（Resilience)」という意味も含むようになってきています。いうなれば、CSIRTからCSIR*3Tへの進化です。これまではインシデント対応というピンポイントなところに焦点が当たっていましたが、事前対応から事後回復までの時間軸をカバーするものになるでしょう。

　AIの発展によって、インシデント対応の一つ一つのプロセスは今よりもっと自動化できるかもしれません。しかし、**信頼関係をともなう経営層や関連部署、外部のステークホルダーとの連携や最終的な意思決定は、人間の集まりであるCSIRTを抜きにして語ることはできないでしょう。**

**事業継続・リスク管理の一環と
してCSIRTを捉えているか**

サイバー空間におけるインシデントは組織に危機をもたらす一つの要素であり、空間が違えども事業継続・危機管理の観点から一貫して考える必要があります。つまり、本質的にはリスク管理の一環として CSIRT を捉える必要があります。

＞ 1 CSIRT の浸透が不十分な理由

　サイバー攻撃による被害が発生すると、ニュースや新聞でも多く取り上げられ、私たちがサイバー空間で起きている事象やサイバーセキュリティに関する情報を目や耳にする機会は増加しました。また、政府機関や関連組織が公開している文書にも「CSIRT」の記述が多く見られるようになりました。

　しかし、CSIRT に関する理解は必ずしも正しく浸透していません。経営層の承認が不明瞭な CSIRT、情報システム部門に依存してしまっている CSIRT、政府のガイドラインからとりあえず作った CSIRT など、正しい理解が浸透していない CSIRT はさまざまな形で見受けられます。そもそも CSIRT は大きなコストがかかり構築できないと考えている組織もあります。

　CSIRT として必要な要件は大きく言うと三つです。**一つ目は最低限の機能として経営者が承認し、インシデントが発生したときに承認や指示が出来ること。二つ目は CSIRT が何をするのか（ミッション、サービス、活動範囲）が明確になっていること。そして三つ目は信頼できる窓口である PoC (Point of Contact) を設けていることです。**

　この三つを考えると部門間を横断した連携や外部との連携を実施する必要性、自分たちの役割や存在意義は自然と見えてきます。また、この三つであれば、事業規模の大きい組織だけ CSIRT の構築が進むのではなく、事業規模がまだ小さい組織においても CSIRT を構築することが可能であると思われます。CSIRT の構築を検討することにあたって大切なことは、CSIRT の構築は組織においてサイバー空間とどう向き合うのか、そしてデジタル化さ

れた（またはこれからされる）ビジネスや組織にどう対応するかを見直す機会であるということです。

〉 2 CSIRTが必要な本質

CSIRTはインシデント発生後の事後対応に注目を集めますが、本来は緊急事態や大規模インシデントを起こさないための組織作り（レディネスの観点）の取り組みが大切です。 レディネスの視点での取り組みは、既存のシステム管理部門との差別化につながるとともに、組織としてのリスク管理の在り方をさらに追及することになります。

IoT時代が加速している現代おいて、CSIRTの活動と被害を最小化するための活動は欠かすことができません。また、サイバー攻撃は組織の事業継続そのものを脅かす可能性があります。そのため、CSIRTがBCM（事業継続管理）やBCP（事業継続計画）においてどのような位置づけや役割を担うのか考えていく必要があります。言い換えると、次のように問いかけることもできるかもしれません。**「皆さんの組織にCSIRTは必要ですか？ 皆さんの組織にCSIRTはなぜ必要なのですか？」** 組織としてのリスク管理が適切に考えられれば、CSIRTは構築する必要はないかもしれません（しかし、サイバーセキュリティに対する意識はまだ低いため、CSIRTのような対外的にもわかりやすい組織は依然構築が必要であると考えられます）。

必要なのはCSIRTではありません。**インシデントに適切に対応でき被害を最小化できる体制と、緊急事態や大規模インシデントを未然に防ぐ体制が必要なのです。** CSIRTはその解の一つに過ぎません。そして、CSIRTは組織におけるリスク管理や事業継続計画にも直結する課題になっていることも忘れてはなりません。これまで述べたようにCSIRTは情報システムなどの部門だけで考えるものではなく、組織全体でITの利活用やサイバー空間の脅威と向き合い、CSIRTを構築・運用する必要があります。

CSIRTはサイバーセキュリティ対策の万能薬ではなく、その構築はサイバーセキュリティ対策の一つの「きっかけ」に過ぎません。そのきっかけを

一つでも多くの組織で経験していただき、組織の規模や業種は関係なく構築が進み、運用にあたっては皆で助け合う社会が進み、国内のサイバーセキュリティがより向上することを切に願います。

新型コロナウイルスから考えるインシデント対応

　本書執筆時（2020年3月）の段階では、新型コロナウイルスの流行に対して、日本においても先行きの見通しが不明瞭な状況が続いています。マスクやトイレットペーパーなどの物資不足、テレワークや時差出勤という変則的な勤務形態、大規模イベントの自粛によるスケジュール変更など、大なり小なり影響を被った読者の方も少なくないでしょう。

　振り返ってみれば、私たちは2009年の新型インフルエンザなどに向き合った経験があります。にもかかわらず、今回の新型コロナウイルスの対応にまったく準備ができていなかったとすれば、今までの新型ウイルスの流行を対岸の火事としか思わず、自組織でのインシデントと考えずに対処してきたからだと言ったら過言でしょうか。

　新型コロナウイルスに関連するインシデント対応の例として、マスクの不足への対応について考えてみましょう。マスクは通常であればドラッグストアにいつでも豊富に陳列されていますが、新型コロナウイルスの感染拡大とともに町から消えてしまいました。しかし、普段から風邪やアレルギー症状などへの対策を考慮していれば、多少なりとも家にマスクを備蓄することもできたでしょう。小さいことに思えるかもしれませんが、これはまさしく「インシデント対応」です。

　また、感染症を含め災害の際にまず守るべきものは自分自身や家族の命です。こうした考え方は自分で意識せずに棚卸をした結果だといえます。何が大切なのかをきちんと定義し、守るべきものから守ることが鉄則なのは、サイバー空間においても同様です。

　26ページで述べたように、CSIRTは「高信頼性組織」にならなければならず、それはサイバー空間でも実空間でも変わりません。すべてを想定内にする努力をいくら行っても想定外は出てきます。しかし、不測の事態は起こるものと初めから考え、その兆候の気づきに、早めに芽を摘むことは極めて重要です。

　どの空間、どの状況下においても、リスクマネジメントの視点からどのようなインシデントが発生し得るか事前に考え準備しておき、日常に発生する小さなインシデントにも真摯に対応することが、インシデント対応のあるべき姿です。結局は、こうした取り組みがインシデントの被害の最小化につながります。インシデントとは緊急時にいきなり対応できるものではなく、その対応は普段から始まっているのです。

INDEX

【著者略歴】

杉浦芳樹（すぎうらよしき）
NTT-CERTメンバー。日本シーサート協議会元運営委員（2018年まで）。1998年にJPCERT/CCのメンバーとなって以来、NTTグループCSIRT「NTT-CERT」の構築や日本シーサート協議会（NCA）の設立など、CSIRTの運用・構築に携わる。著書に『CSIRT：構築から運用まで』（NTT出版、共著）。

萩原健太（はぎはらけんた）
グローバルセキュリティエキスパート株式会社CSO兼CSRO。日本シーサート協議会副運営委員長・同TRANSITSワークショップ実行委員長・同法制度研究ワーキンググループ主査などを務める。セキュリティ企業にてCSIRTの構築や統括を行い、セキュリティの普及や業界発展のための活動に従事。著書に『経営者のための 情報セキュリティQ&A45』（日本経済新聞出版社、共著）。

北條孝佳（ほうじょうたかよし）
西村あさひ法律事務所カウンセル弁護士。日本シーサート協議会専門委員。警察庁技官として技術解析やサイバーテロ対策に従事した後、現在は弁護士として企業の危機管理やサイバーセキュリティ対策・対応に携わる。主な著書に『経営者のための 情報セキュリティQ&A45』（日本経済新聞出版社、編著）など。

中西 晶（なかにしあき）
明治大学経営学部教授。日本シーサート協議会専門委員。内閣サイバーセキュリティセンター普及啓発・人材育成専門調査会委員。東京工業大学博士課程修了。博士（学術）。専門分野は、経営心理学・ナレッジマネジメント。高信頼性組織を中心に研究。著書に『想定外のマネジメント』（文眞堂、監訳）、『マネジメント基礎力』（NTT出版、共著）など。

今（いま）からはじめる
インシデントレスポンス
——事例（じれい）で学（まな）ぶ組織（そしき）を守（まも）るCSIRT（しーさーと）の作（つく）り方（かた）

2020年4月30日　初版　第1刷発行

著　者	杉浦芳樹（すぎうらよしき）・萩原健太（はぎはらけんた）・ 北條孝佳（ほうじょうたかよし）・中西晶（なかにしあき）
発行者	片岡　巖
発行所	株式会社技術評論社 東京都新宿区市谷左内町 21-13 電話 03-3513-6150（販売促進部） 　　　03-3513-6166（書籍編集部）
印刷	港北出版印刷株式会社

定価はカバーに表示してあります。
本書の一部または全部を著作権法の定める範囲を超
え、無断で複写、複製、転載、あるいはファイルに
落とすことを禁じます。

©2020　萩原健太

ISBN 978-4-297-11189-2 C3055
Printed In Japan

■お問い合わせについて
本書の内容に関するご質問は、下記の宛先まで
FAXまたは書面にてお送りいただくか、弊社
Webサイトの質問フォームよりお送りください。
お電話によるご質問、および本書に記載されて
いる内容以外のご質問には、一切お答えできま
せん。あらかじめご了承ください。

■問い合わせ先
〒 162-0846
東京都新宿区市谷左内町 21-13
株式会社技術評論社　書籍編集部
「今からはじめるインシデントレスポンス
——事例で学ぶ組織を守るCSIRTの作り方」
質問係
FAX：03-3513-6183
技術評論社 Web サイト：
https://gihyo.jp/book/

なお、ご質問の際に記載いただいた個人情報は
質問の返答以外の目的には使用いたしません。
また、質問の返答後は速やかに削除させていた
だきます。

●カバーデザイン	菊池祐（ライラック）
●本文デザイン・DTP	今住真由美（ライラック）
●本文イラスト	今住真由美（ライラック）
●編集	石井智洋